U0071395

我的一場服裝演化遊戲

曾慈惠 著

封面設計：
實踐大學教務處出版組

我的一場服裝演化遊戲

出版心語

近年來，全球數位出版蓄勢待發，美國從事數位出版的業者超過百家，亞洲數位出版的新勢力也正在起飛，諸如日本、中國大陸都方興未艾，而臺灣卻被視為數位出版的處女地，有極大的開發拓展空間。植基於此，本組自民國93年9月起，即醞釀規劃以數位出版模式，協助本校專任教師致力於學術出版，以激勵本校研究風氣，提昇教學品質及學術水準。

在規劃初期，調查得知秀威資訊科技股份有限公司是採行數位印刷模式並做數位少量隨需出版〔POD＝Print on Demand〕（含編印銷售發行）的科技公司，亦為中華民國政府出版品正式授權的POD數位處理中心，尤其該公司可提供「免費學術出版」形式，相當符合本組推展數位出版的立意。隨即與秀威公司密集接洽，雙方就數位出版服務要點、數位出版申請作業流程、出版發行合約書以及出版合作備忘錄等相關事宜逐一審慎研擬，歷時9個月，至民國94年6月始告順利簽核公布。

執行迄今，承蒙本校謝董事長孟雄、謝校長宗興、王教務長又鵬、藍教授秀璋以及秀威公司宋總經理政坤等多位長官給予本組全力的支持與指導，本校諸多教師亦身體力行，主動提供學術專著委由本組協助數位出版，數量近40本，在此一併致上最誠摯的謝意。諸般溫馨滿溢，將是挹注本組持續推展數位出版的最大動力。

本出版團隊由葉立誠組長、王雯珊老師、賴怡勳老師三人為組合，以極其有限的人力，充分發揮高效能的團隊精神，合作無間，各司統籌策劃、協商研擬、視覺設計等職掌，在精益求精的前提下，至望弘揚本校實踐大學的校譽，具體落實出版機能。

實踐大學教務處出版組　謹識

2011年5月

目　錄

一、創作理念

服裝與人類為一種相互依存的關係，服裝的轉變也是經由自然演化所產生的，演化是透過時間慢慢的堆疊，期間來回調整修正。而服裝的起源至今眾說紛紜，有所謂的禦寒保暖、保護身體、表彰身分地位、裝飾、遮羞……等等因素。然而服裝對現今人們的生活而言，是非常難切割的，不論你對服裝的重視程度為何？雖然有些人汲汲營營的追隨時尚潮流，有些人對流行嗤之以鼻，但是還是無法擺脫對服裝的需求，只是需求程度的不同，例如馬斯洛（Maslow）的需求理論中的生理需求（physiological needs）、安全需求（safety needs）、社會需求（social needs）、自我實現的需求（self-actualization needs）、尊重需求（esteem needs）。

服裝隨著時間一代代的轉變，由於地理差異、氣候變化、民族特性、社會風俗習慣、工藝技術……等的特色與差異，在在展現各個區域的服裝特性與時代變遷下的服裝特質，由於服裝是以人為對象的原則不變，因此也循序漸進的產生服裝的演變，進而有系統的演繹成各式各樣豐富的服裝發展歷史，例如中國服裝史、日本服裝史以及影響當代時尚甚深的西洋服裝史……等。

誠如學者胡朝聖所言「服裝作為一種符號、載體、媒介或平台，對應全球化語境底下發展的多樣態」。在當今的時尚圈，服裝設計師以各式各樣不同的設計靈感、發想、進而創作服裝給予人們耳目一新的視覺感受，一切的表現都呈現設計者藉由服裝為平台表現內心思維與意念，再透過對人體包裝的方法形式、素材配置藉以對外界陳述內心感受與信念。

從服裝發展的脈絡來觀看，服裝的變化設計儼然如生物學演化論般的演化。以西洋服裝為例，服裝形式演化脈絡是由圍裹狀、寬鬆袍狀服裝漸進式的演化到上裝與下裝分離的合身性服裝。服裝構成技法也是從二維（Two dimension）構成發展到服裝三維（Three dimension）構成。

以現今而言，在西洋式服裝儼然已成為國際化的服裝現況下，因此，本創作以生物學演化論為出基點，觀看西洋服裝演化過程中有趣的現象，進而以簡單的元素進行創作演化實驗。本創作概念以極簡、純淨、不誇飾為主要訴求，以簡單的幾何圖形（本創作選取圓形、三角形、方形），透過演化過程進行的隨機形變轉化成服裝，由最初的圍裹手法，轉化到服裝結構手法，並闡述基因在演化過程中的基因複製、基因重組、基因突變的現象，演繹對身體自由解放到講究裁剪結構性的服裝創作過程。

二、學理基礎

基於以上之說明，針對本創作之概念，抽離出學理基礎，包括有幾何圖形、形的轉換、演化論與基因功能及本創作脈絡，茲說明如下：

2.1 幾何圖形

形是一種形象圖記，當以平面表現時稱之為形，以立體表現時稱之為形體或形態。幾何圖形源自於古埃及，由於尼羅河經常氾濫，人們為了重新畫出田地的界限而發展出的。幾何圖形需要以數為基礎，因此西方文化的發展對數的研究甚深，例如前希臘數理學家畢達哥拉斯的幾何學原理。西方文化認為美感與數理是相關聯的，因而發展出黃金比例、模矩、人體有機比例（註1）。葛拉賽在裝飾構成法（1905）中認為幾何圖形為其他造形的胚芽，也是重要的創作元素，透過幾何圖形的變化可進行創新，此說法也獲得伊忝、克列、康丁斯基的認同（註2）。康丁斯基在《藝術與藝術家論》一書中將三角形、圓形、方形定為形的基本元素，在空間上亦可發展出錐形體、圓柱體與立方體。形為面與面的界線，可以刻畫出物體的範圍，但都有其內在精神意涵，例如幾何圖形中的三角形具有斜向、中繼、不和諧、推理、冥想、光明、活焰的精神；圓形具有定形、運動、和諧、感受、激動、迷醉、及衍生像水一樣的精神；方形則具有垂直線、水平線、靜止、沉穩、堅固的精神（註3）。因此，透過造形的特性藉以展現造形本身特有的精神意涵，以幾何圖形為例，給人有簡潔、俐落與精準的心理感覺。

形又可分為抽象與具象，康丁斯基認為物體（形和諧裏一個附著的元素）的選擇必須由心靈來決定（內在需要），形愈自由的抽象、愈純粹，也愈原始（註4）。當不同的幾何圖形相接合時會產生新的風貌，但其精神意涵會隱喻其間。

自古及今，在造形藝術上，幾何圖形的運用非常廣泛，舉目所見例如繪畫、雕塑、建築、甚至於工業設計下的量產商品……等等一切皆是。具體而言，例如埃及金字塔、包浩斯的作品或是構成主義的作品。在服裝上的應用，服裝設計師Vionnet曾說：「服裝製作猶如從事工廠的組織一般，亦可謂服裝裁縫猶如幾何學家一般，將人體視為幾何圖形，而與布料作完美的結合。」（註5）在Vionnet的作品中運用了非常多的幾何圖形，也是將幾何圖形運用在服裝上最成功的設計師之一，Vionnet配合人體曲線設計出既簡單又美觀的服裝。

2.2 形的轉化（transmutation）-從二維構成轉換到服裝三維構成

形是物件構成的媒介，可以是一個物體、一個面、一個空間。面是由線所組合而成的，性質與線條相似。角度由兩條直線所構成，藉由組合的角度不同則有鈍角與銳角兩種，分別有愚鈍與尖銳的特性（註6）。拉克西米・巴師卡藍（Lakshmi Bhaskaran）認為設計已經不只是牽涉到造型與功能而已；設計是一種語言。設計與語言一樣，必須充分了解其內涵，才能有效地運用。當服裝被人們穿著時所呈現的量體，除了表現出與人穿時的互動關係外，同時與周圍的場域關係呈現多面向的對話，就如同我們觀賞雕塑品一般。造形形態的變化，與重新組合所創造出新的造形，讓造形轉化出作品的生命力，藉以表達內涵與心靈精神。

而人與衣服的關係就如人體之建築，科比意將建築定義為：「建築被集結於光線之下，各式各樣的巧妙量體，具有正確、壯麗的組合，建築是藉由量體與表面兩要素顯現。而量體與表面是由表面決定，故平面是一切的母體。」（註7）這概念轉化到服裝，平面與量體也是服裝重要的構成要素，它可以是平面版型（二維構成）透過縫製組合後產生立體（三維構成）量體；它可以是一塊布料，藉由對人體的雕塑產生立體動態的服裝。

在服裝設計領域也有非常多的設計師運用此概念，服裝設計師天才聖羅蘭（Yves Saint Lauren）將現代藝術大師蒙德里安（Piet Mondrian）著名的繪畫〈構成〉（1928）作成布料的圖案，應用到服裝設計的創作上〈構成〉是以幾何圖形中的方形作為造形特徵，以黑色的垂直線及水平線分割畫面，使畫面透過基本的幾何圖形表達出穩定的平衡與直接、清晰的感覺。另外一位服裝設計師三宅一生（Issey Miyake）則認為服裝並不需要遵循著人體的輪廓，他以雕塑為概念透過布料的褶皺、披掛、纏繞進行立體雕塑（註8）。

2.3 從服裝演化看服裝形式的轉變（從圍裹狀到合身形式的轉化）

形態為造形構成的要素之一，形為元素性的基本形狀，其視覺性格固定且單純。型為普遍性的視覺特徵，其形成有一定的來歷與背景。形與型有密切關聯，在概念上的發展為形→形式→型→式樣，以形為型的基礎。

從過去服裝形式的演化來看，其脈絡是由圍裹狀、寬鬆袍狀服裝漸進式的演化到上裝與下裝分離且較合身形式的服裝。不論東方傳統服裝是以平面結構為基礎，或是西方服裝講究立體結構組合而成的服裝，服裝穿在人體上都呈現三次元的表現。

以西方服裝史的脈絡可知，從早期的草裙時期、獸皮披體時期、織物裝身時期進入古埃及時期，至此正式進入服裝史上的圍裹狀、寬鬆袍狀服裝時期。古埃及男子服裝主要是以一塊方形麻布纏裹在腰上稱之為Loin Cloth（如圖1），也有將布斜掛肩上的，而古埃及女奴隸與女舞者為裸體或僅在腰臀處繫上細繩稱之為繩衣（如圖2）。

圖1　古埃及Loin Cloth
資料來源：中西服裝史，葉立誠，2000，p.43。

圖2　站立者所穿的為古埃及繩衣
資料來源：中西服裝史，葉立誠，2000，p.36。

古希臘服裝線條非常優美，外觀看似複雜，但實際上構成非常簡單，只用一塊方形布披掛，纏繞在身上，順著身體曲線布料流洩而下，再用針別著，束帶綁著，不需要任何裁剪，塑造出優美有垂墜波浪褶飾的寬鬆服裝型態。依據方形布摺疊為圓柱體的穿著方式為概念，古希臘有兩大類重要服裝形式，第一類為長衣（Chiton），長衣又分為Doric Chiton（如圖3）與Ioric Chiton（如圖4）。第二類為外套型短披肩（Chlamys），又稱為單披肩，即將方形布圍繞於肩上，僅露出單肩。

圖3　古希臘Doric Chiton
資料來源：中西服裝史，葉立誠，2000，p.43。

圖4　古希臘Ioric Chiton
資料來源：中西服裝史，葉立誠，2000，p.43。

服裝為Toga（如圖5），其穿法為取一長條狀半圓形布料，順著長度摺上數褶，將其掛於肩。前面一段布較短，長度及膝，後段布料較長，將後段布料自左肩向後纏繞經過頸部、背部到右腋下，最後經過前胸繞回到左肩，剩餘布料自左肩向背後垂下。是一種複雜的披掛法，使用整塊布，不需剪接，也不需要釘縫或紐釦，是一種比古希臘服裝更為複雜的穿著法。

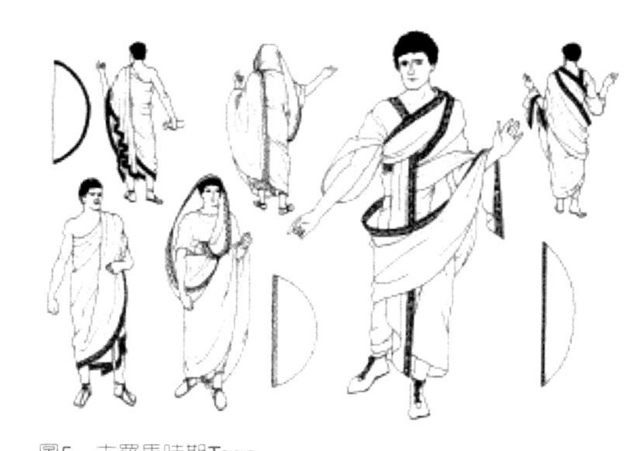

圖5　古羅馬時期Toga
資料來源：中西服裝史，葉立誠，2000，p.47。

服裝的發展一直到了哥德時期可以說是一個分水嶺的時期，在哥德前期服裝構成上出現了東西方服裝的交集點，也就是平面性的裁剪，例如中國的袍服，在一塊布上畫出身體輪廓線，畫出領圍、袖口、下襬經縫製即可套穿於身上，哥德前期服裝也是如此。而後哥德時期的服裝發展朝向立體化的服裝構成，有褶子的產生藉以強調腰身，男女裝也開始有區分，至此奠定了服裝發展模式。

不論古埃及、古希臘或是古羅馬時期都是以一塊布料作為服裝構成的形式，藉由身體曲線隨著纏繞技法的不同產生不同的服裝形式，但都呈現自然流線，不受拘束的自由服裝形式。進入哥德時期之後的服裝較為講究身體各部位的型塑，不論運用平面製版或是使用立體裁剪，服裝的結構性都較為複雜。服裝發展至今，各家百家爭鳴，百花齊放，我們從過去的服裝歷史中學習形式與技法、欣賞美感與感動、尋找精神與靈感以作為創作的養分。如此，才使現今服裝有多元化的表現，各式各樣的服裝風格、形式層出不窮，令人目不暇給。

2.4　生物學的演化與基因功能

雖然演化論不能解釋所有的一切，但透過生物界觀點看待事物是一件很有趣的事，所謂追本溯源，不論考究科學論證的學門到著重內心感受思維、創意的設計創作領域。若仔細撥開外表，其內在實質運作方式有很多相似之處。在邁入達爾文200歲誕辰的現今，生物學演化論被各領域廣泛轉化引用，例如建築演化論、汽車演化論、工藝演化論、當代設計演化論……等，不勝枚舉，甚至連外遇都可以與演化論有關等。在服裝的流行國度裡，流行常操弄著設計議題，其中最常應用的有懷舊、復古、演繹……等手法，靈感來源出古入今，無處不應用服裝演化論的概念。

但究竟甚麼是演化論的精神？有人說演化就是一種改變、演化是一種進步、演化就是新的比舊的好。演化在生物科學領域的嚴謹定義，是指在族群中有新的基因出現，而舊的基因消失或是基因組合改變時就是演化的發生，換言之，就是基因出現的頻率發生改變，也就是說是一套理論用來解釋生物在世代間具有變異的一些現象。

演化論的概念來自於化石學（paleontology），化石學家從發現的化石中可了解與重構過去的生命形式，解釋分析不同年代的化石，比較其差異以建立生物發展史。演化論包含有種內演化（micrevolution）與種外演化（macrevolution）兩類，種內演化是指發生在綿延的物種的改變；種外演化是指物種以及更高分類單位的生成與滅絕（註9）。演化論有兩大要素，第一要素為生命之樹，此概念為地球上不同的物種來自相同的祖先，即生命有一個共同的起源，新的生命形式皆由較早的生命形式中分之出來；第二要素為天擇，是指族群中的生物體具有生存與繁殖力的差異。

2.4.1 基因的遺傳與變異

史都華（Lan Stewart）認為基因並不是生命的唯一關鍵；基因只是其中一個很重要的關鍵，在基因背後還有更深奧的東西，那就是與遺傳密碼相連接的數學法則。從遺傳學定律觀點來看，現代遺傳學的發現是由遺傳學之父孟德爾（Gregor Mendel, 1822-1884）利用豌豆的雜交種植而發現遺傳學基本定律。孟德爾最重要的見解乃是每次只考慮一個特徵來看待遺傳現象，而每個特徵都是被單一個基因（gene）所決定的。基因是遺傳訊息的基本單位，透過四個（A、C、G、T四種鹼基）簡單的字母密碼形式存留在DNA，而四種鹼基的排列順序的差異就決定了生物體的構造與機能，藉以建構幾乎整個生命體系的藍圖。因此，一個生物完整特性是由所有的構成基因所影響的，而各種不同形式的生命也藉著DNA精確的複製，將所有基因代代相傳下去。

2.4.2 DNA的複製功能

首先針對DNA的複製功能，複製的概念在DNA是由去氧核糖核酸（deoxyribonucleic acid，DNA）所構成，為核糖酸聚體，是組成基因的主要材料。生物在進行種族的繁衍時，以DNA為鑄模（template）進行複製，DNA以雙股螺旋出現，核苷酸中央的氫鍵必須斷裂，DNA梯子像解開的拉鍊一樣分開，也就是說DNA複製時由一定部位的雙股螺旋開始鬆解，這些部位有特殊的DNA鹼基排序，稱之為複製起點（origin）。

DNA複製方式是一半保留舊股再與一半新股合成，形成兩個雙股螺旋，又稱為半保留複製（semi-conservativereplication）（註10）。此種形式稱為基因互換（crossing over），也就是說，兩股DNA被分割然後雙方再交換重新組合。由於不同的基因兩個染體的互換，造成基因資訊的混合稱為基因重組（recombination），如圖6。

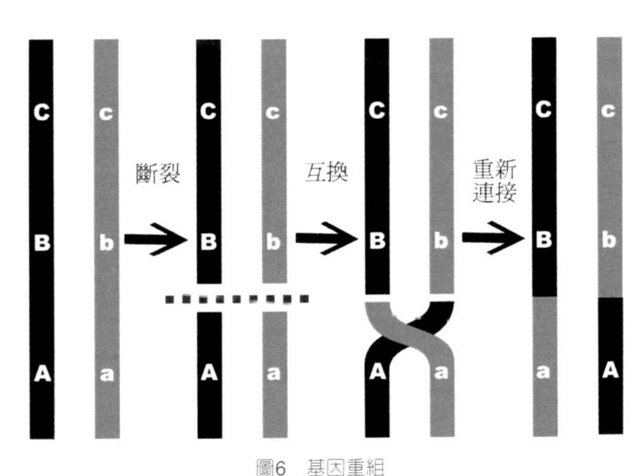

圖6　基因重組

2.4.3 基因變異（variation）

基因的突變對整個地球科學歷史而言是非常重要的，會影響到物種的演化，一般而言，DNA在複製時有極高度的正確性，但在偶然的情況下會發生改變稱為突變。遺傳學上將基因變異分為基因突變（mutation）與基因重組兩大類。當DNA在進行複製、修補或重組的過程中發生變化稱為基因突變。基因突變有時會造成嚴重的後果，有時又能產生更好的蛋白質，使後代在環境中得以生存，繁殖力更好。因此，基因透過重新組合及配對過程中會有新功能的產生，此種變異對生物適應環境的變化與演化是非常重要的。

2.5 創作脈絡

以演化論的觀點而言，透過化石學、比較胚胎學、遺傳學、生物學等驗證，現存的物種都是起源於過去的物種，將這種邏輯思考推論至服裝領域，亦是可以理解服裝的轉變也是隨著時間逐漸變化的，現代的服裝都起源自過去的服裝。本創作轉化此概念，演練服裝的形式由簡單的圍裹形式演變到較講究裁剪結構性的服裝形式，並藉由幾何圖形中的方形、圓形、三角形作為服裝構成基礎，以DNA的複製、重組、突變功能作為變數，試圖將生物演化的概念轉繹到服裝的創作模式。綜合以上敘述，整理出本創作脈絡如下：

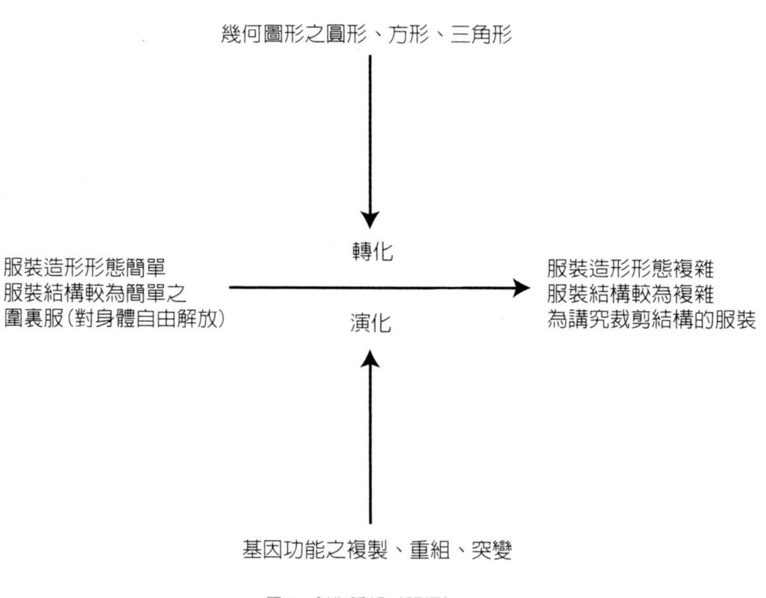

圖7　創作脈絡（路徑）

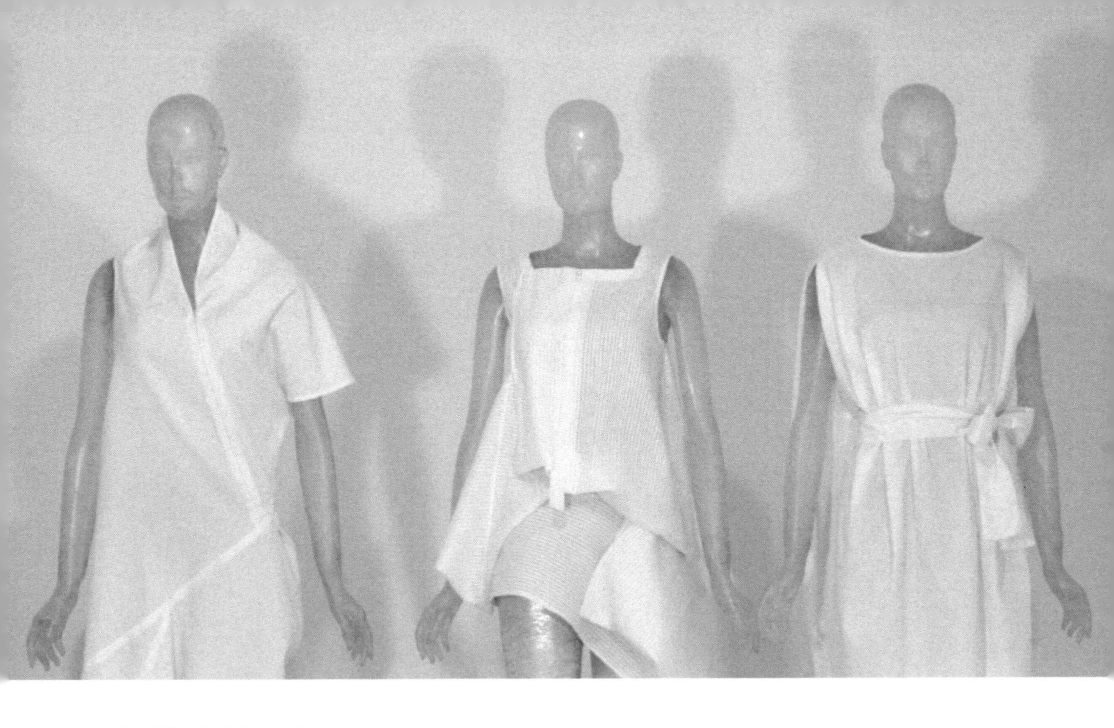

三、作品說明

3.1 作品系列——1「少即是多」之內容形式

在服裝演化過程中，服裝外觀形式是由簡單漸進至複雜，服裝結構也是由單純的圍裹技法到講究裁剪結構性的服裝技法。本系列創作概念為極簡、單純，演繹圍裹狀、寬鬆袍狀服裝，透過幾何圖形的平面構造構築成多變的立體造形，使用最少的素材、最少的裁剪、最少的縫合線，以展現單純美學思維。

本創作採用幾何圖形中的圓形、方形、三角形作為創作元素，採取圓形具有溫和、輕快、滾動之感；方形具有端正、堅固之感；三角形具有斜向、中繼、不和諧之感。本創作藉由2D（dimension）的裁片經組合、形塑轉化成3D（dimension）的立體造形。

3.1.1「少即是多」系列作品1之方法技巧

本創作透過上下兩種不同半徑及圓周的半圓形版型（如圖1），組合成具有自然流線垂墜感的圓柱體服裝，在腰間繫上腰帶，腰帶貫穿腰圍，後身片並不繫於衣外。藉由兩半圓之外緣接合，形成凸狀產生自然垂墜，顯現棉布料的質感與量感，透過服裝與肢體的互動更顯其雅致。

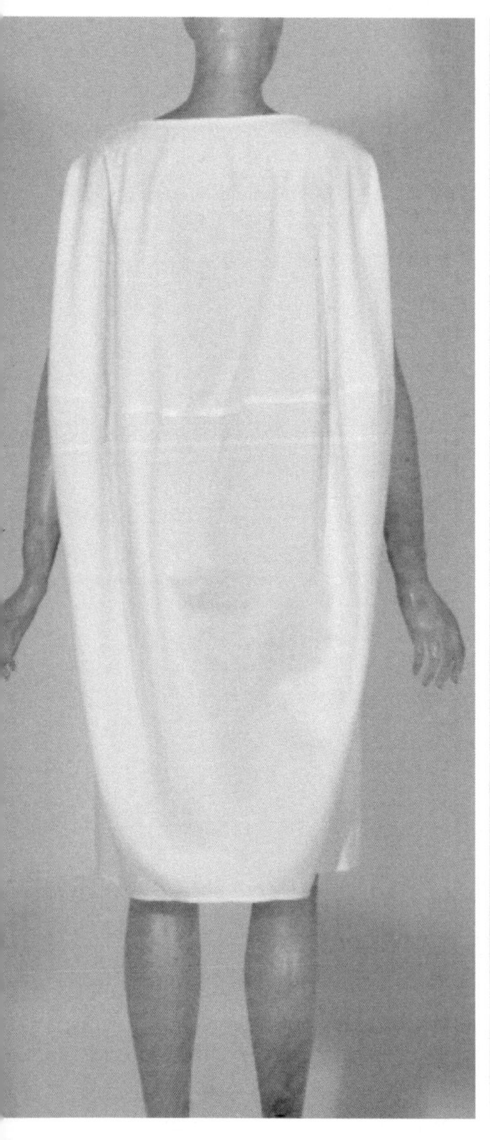

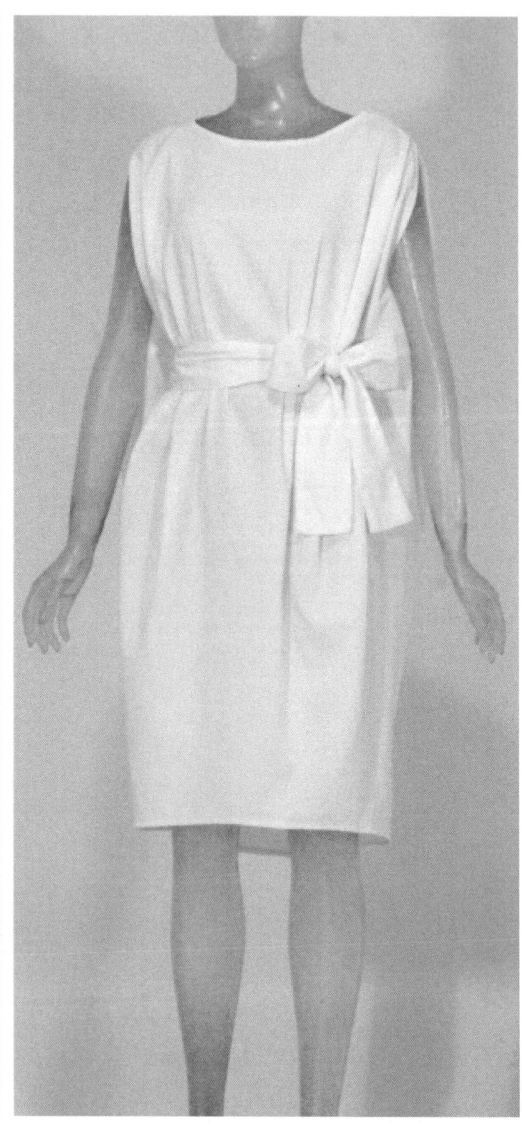

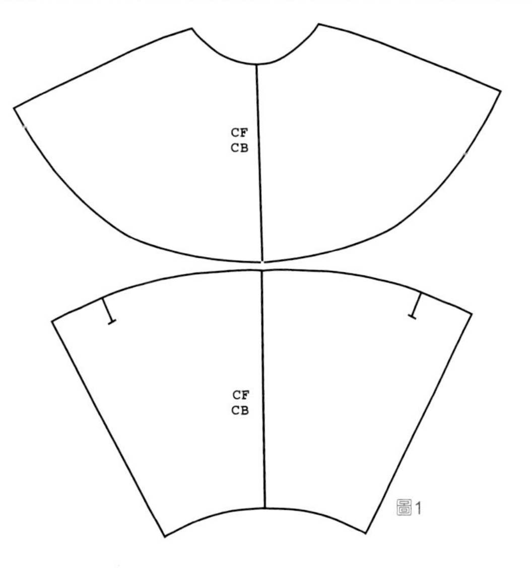

圖1

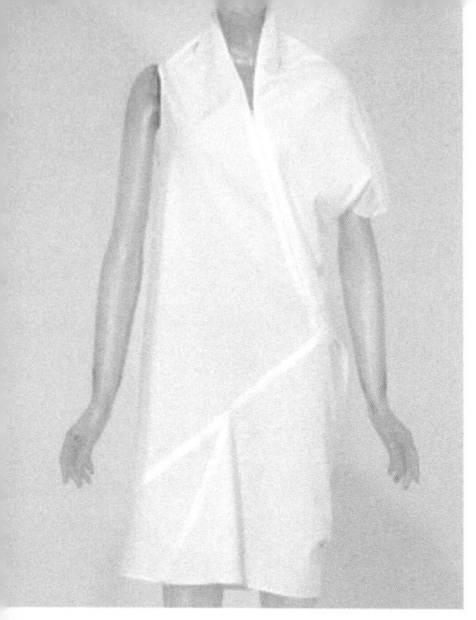

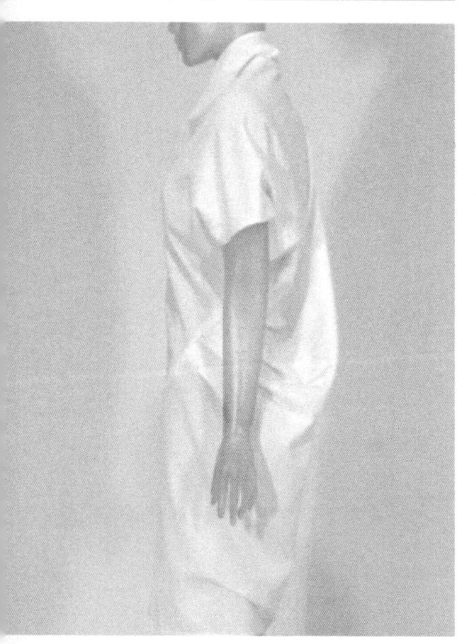

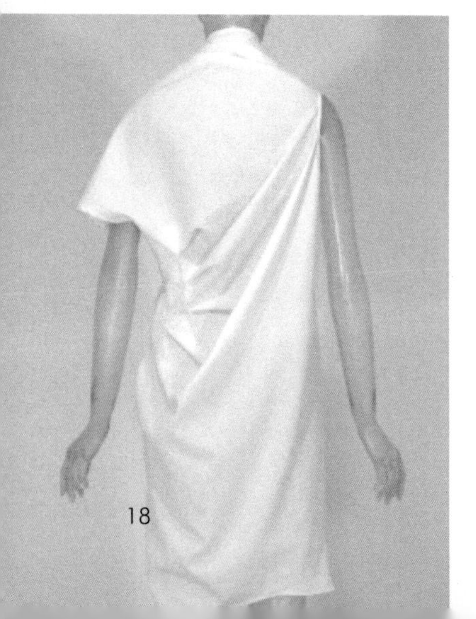

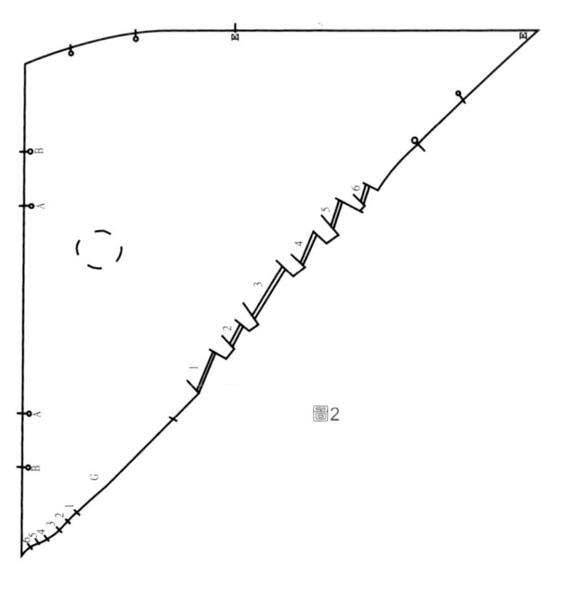

圖2

3.1.2「少即是多」系列作品2之方法技巧

概念建立在最少的裁剪，最少的縫合線原則之下，取一塊三角型的棉質布料（如圖2），透過扭曲包裹人體形成空間現象，有自然成形的領口、袖口、下襬，前身片以一條隱形拉鏈當開口，後腰身處以數根活褶車縫，讓身體曲線顯現，整個造形形成不對稱的設計，360度皆有不同的風貌，讓服裝擺脫原有的框架，與人體間的互動存在最自然的現象。

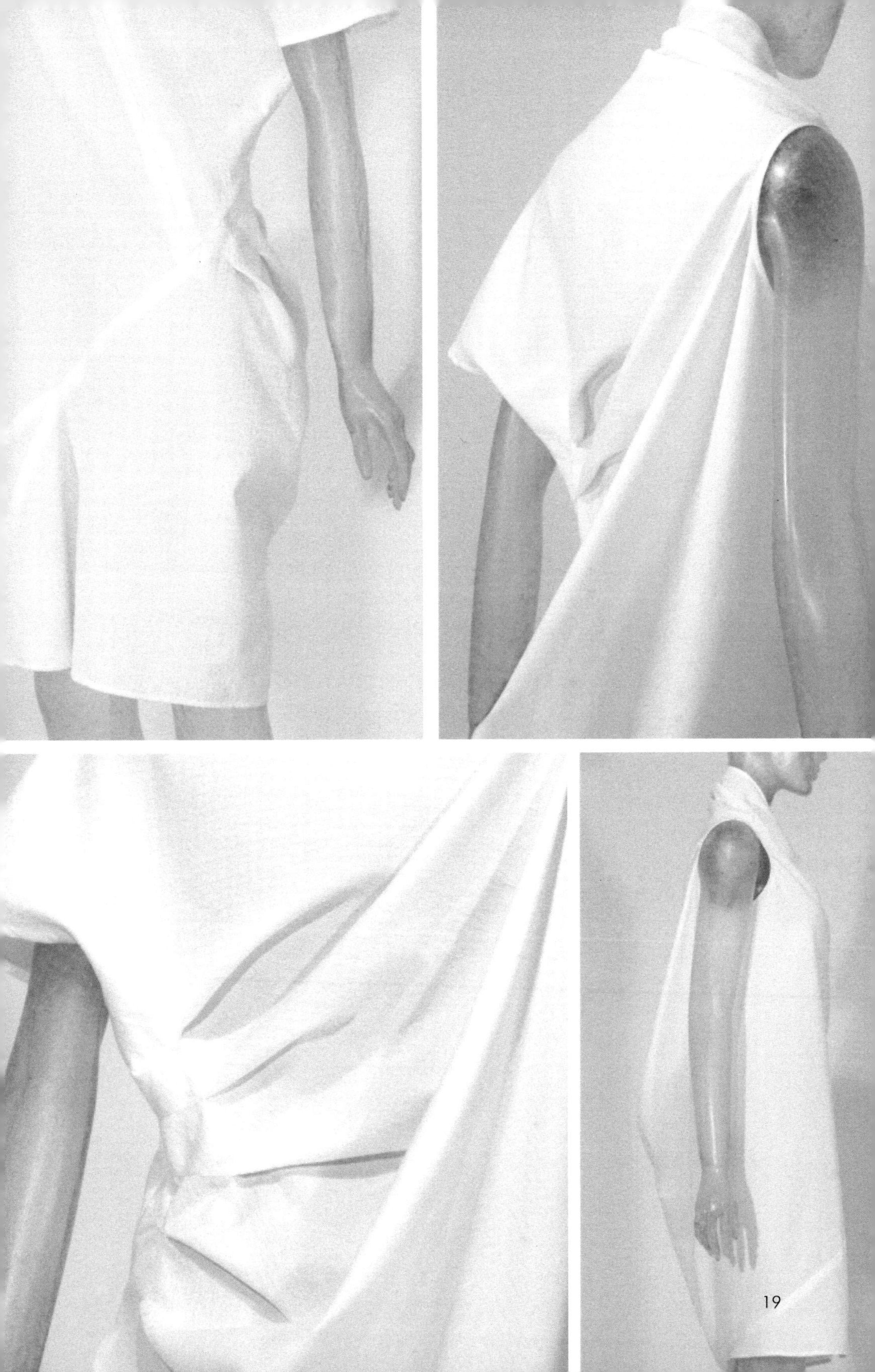

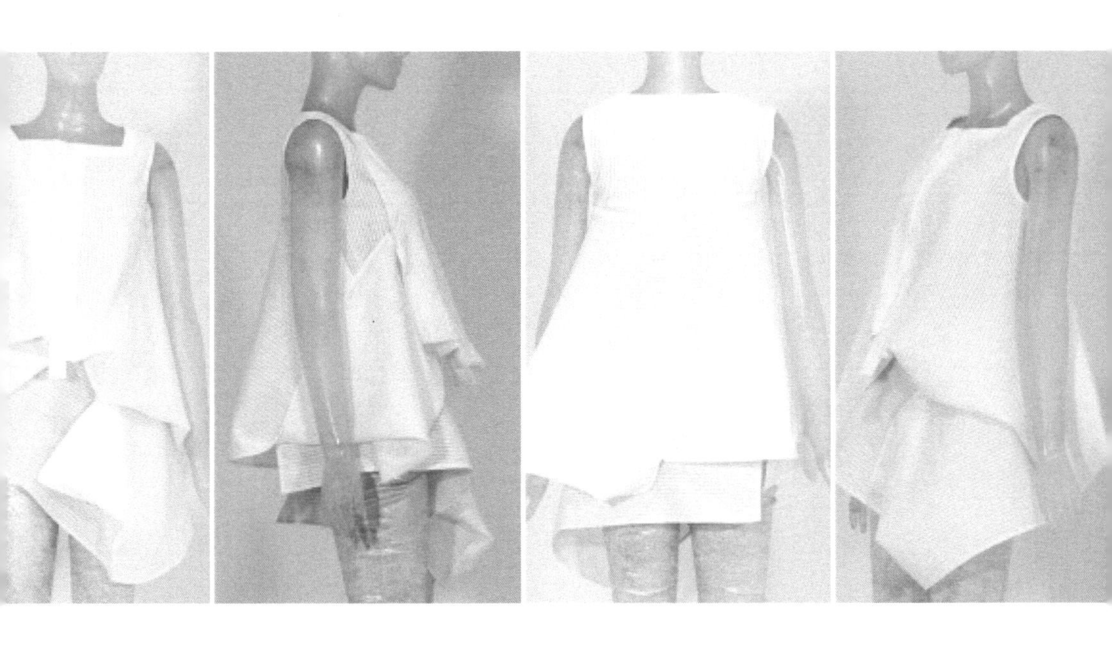

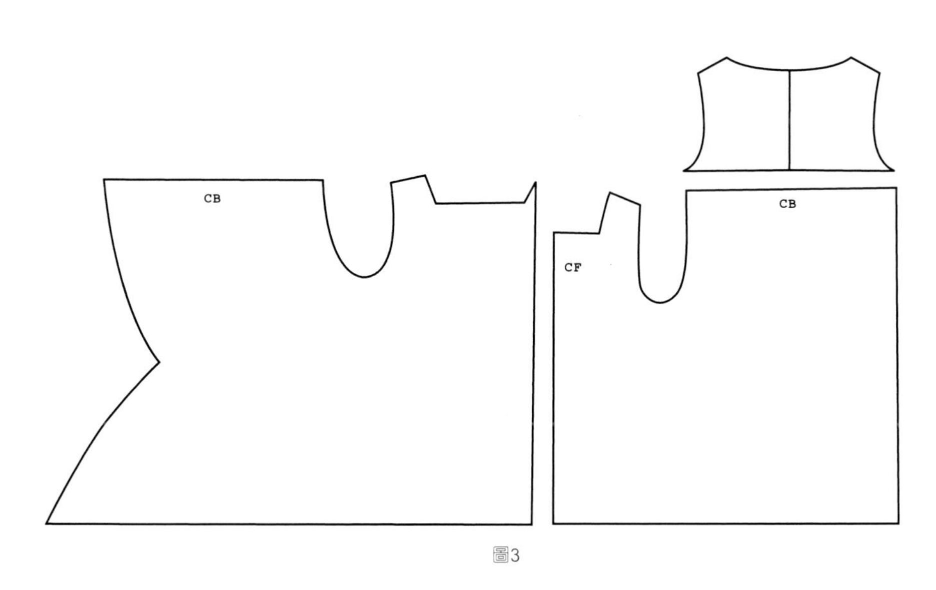

圖3

3.1.3「少即是多」系列作品3之方法技巧

選用具有條紋組織的棉質布料裁切成近似方形的裁片（如圖3），其構成技法為布料的多次反摺及不規則的扭轉，藉由條紋布表現線條的交錯，呈現自然流動的線條與空間現象。

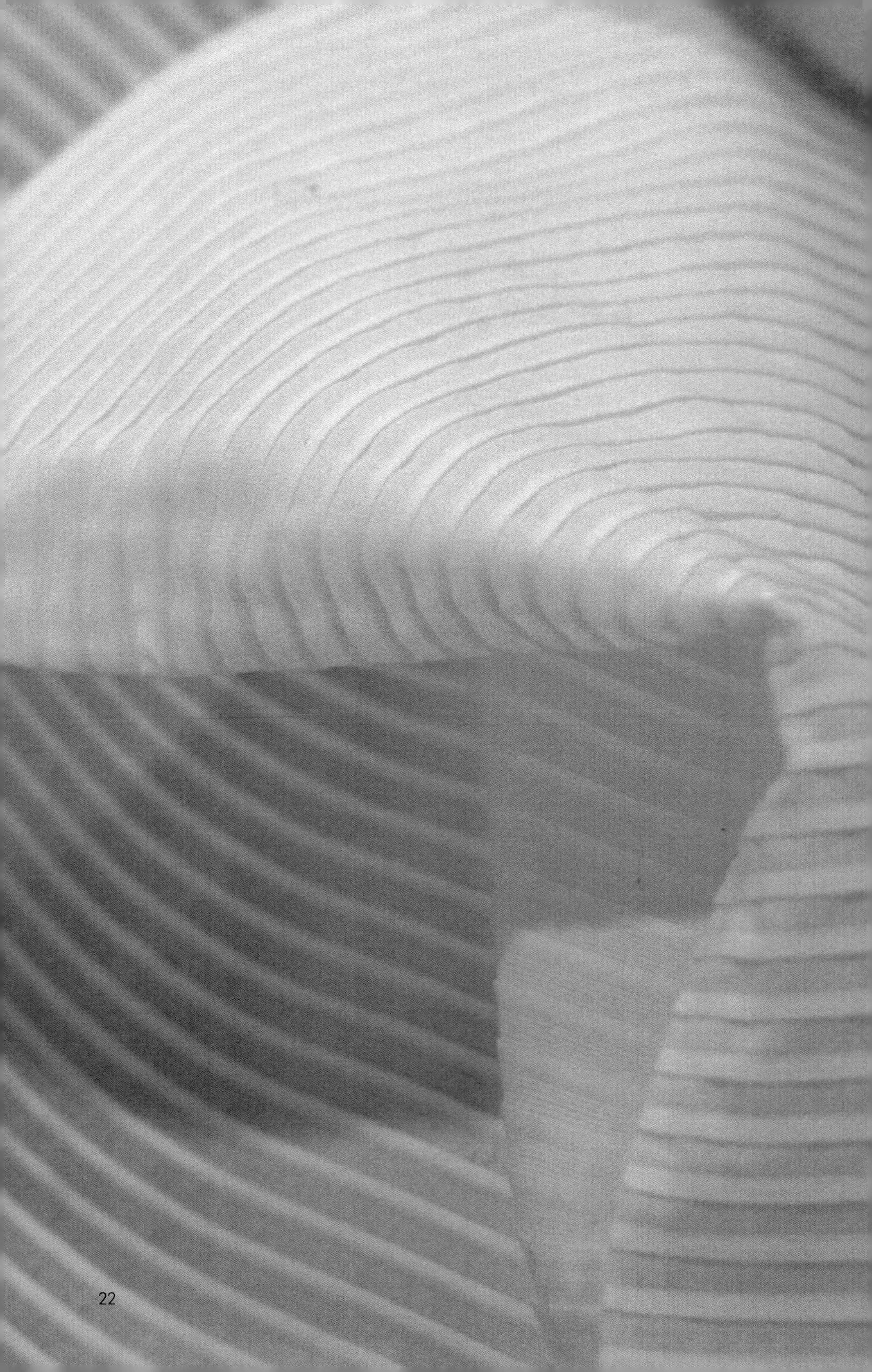

3.2 作品系列——2「記憶之迷念」之內容形式

演繹服裝在演化過程中的袍服階段，透過幾何圖形中的變形圓形、變形方形、變形三角形作為創作元素，以布料耗損率最少，縫製最精簡為原則，藉以詮釋新風貌的袍狀服裝。

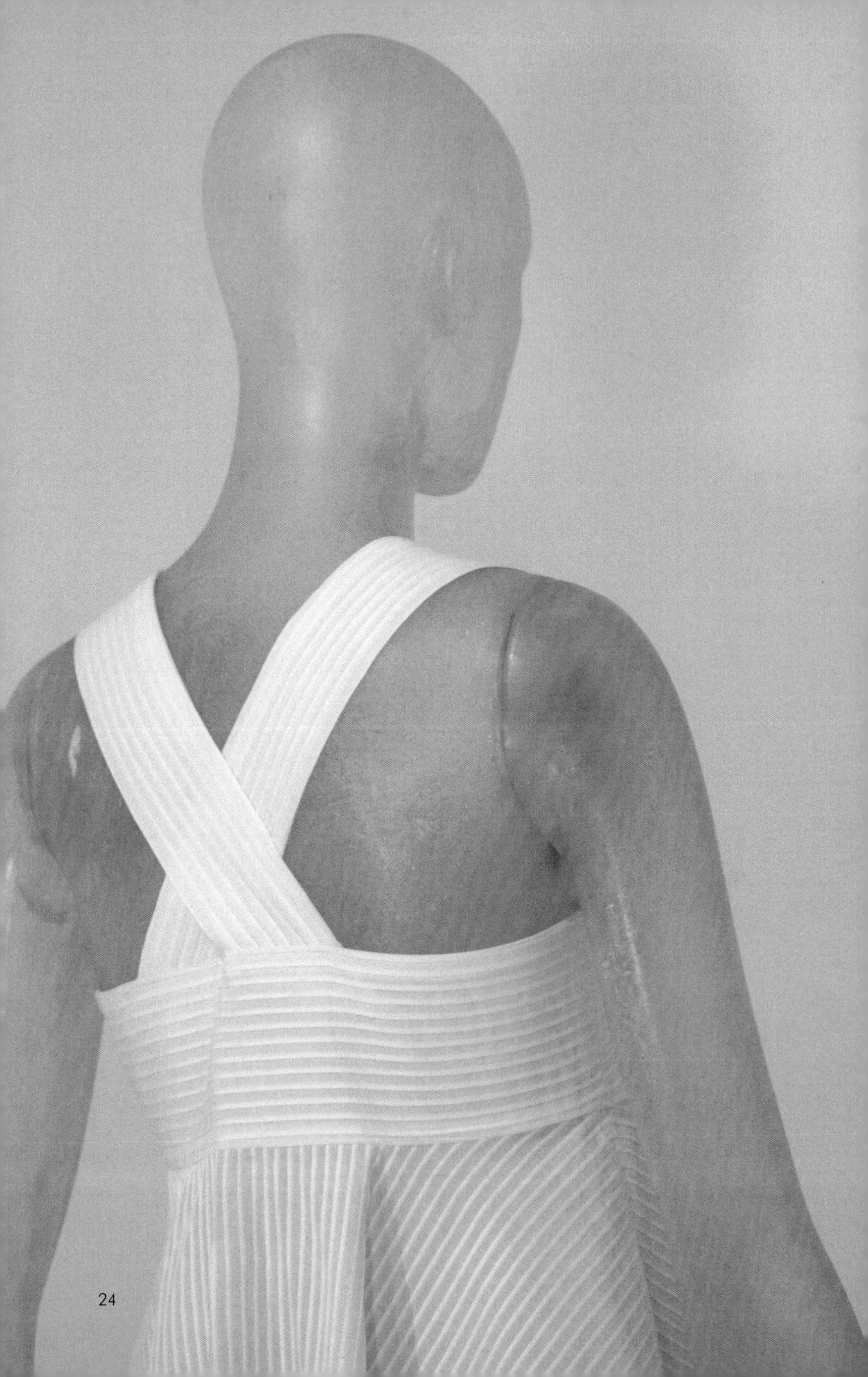

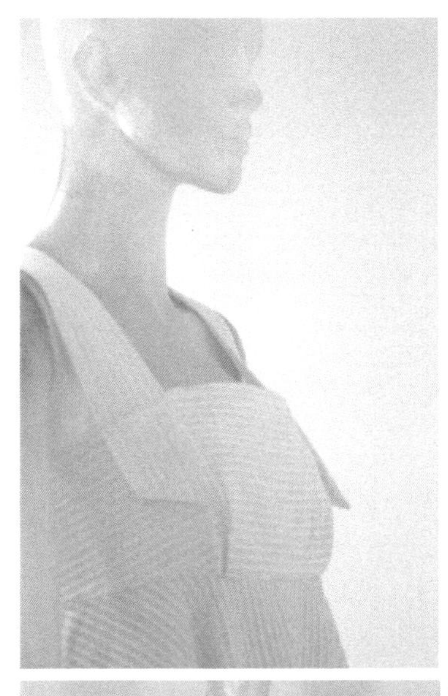

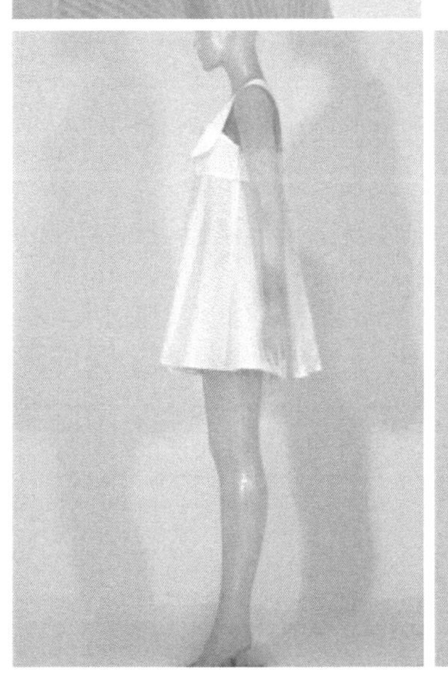

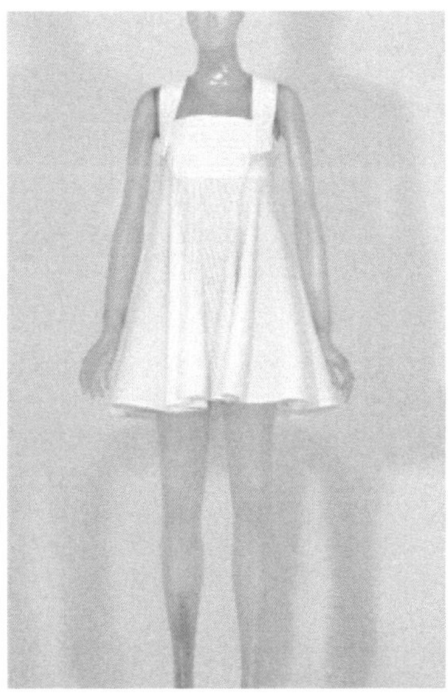

3.2.1「記憶之迷念」系列作品1之方法技巧

以變化圓形為元素，輪廓線條為傘型，胸下圍有橫向剪接線，銜接變形的圓形狀裁片，為吊肩帶式的洋裝，藉由下襬產生自然波浪以彰顯圓形的溫和、輕快、滾動之感。

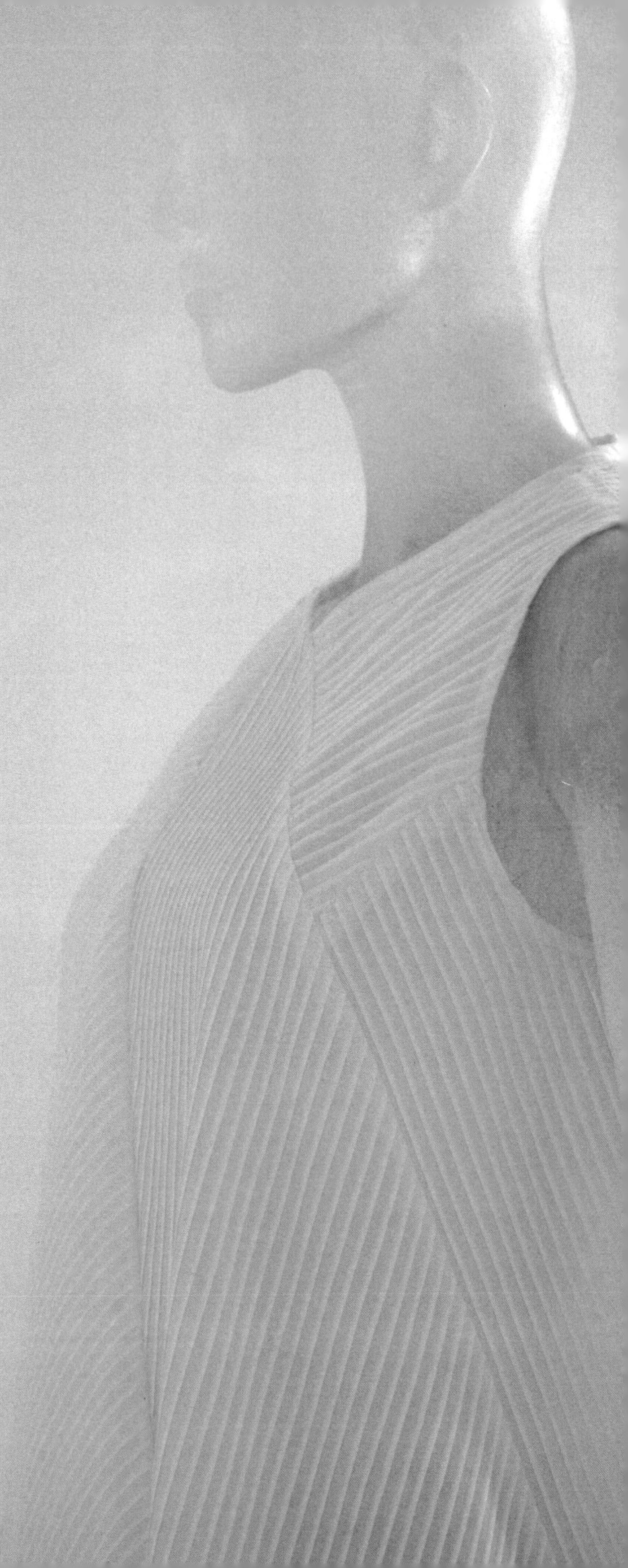

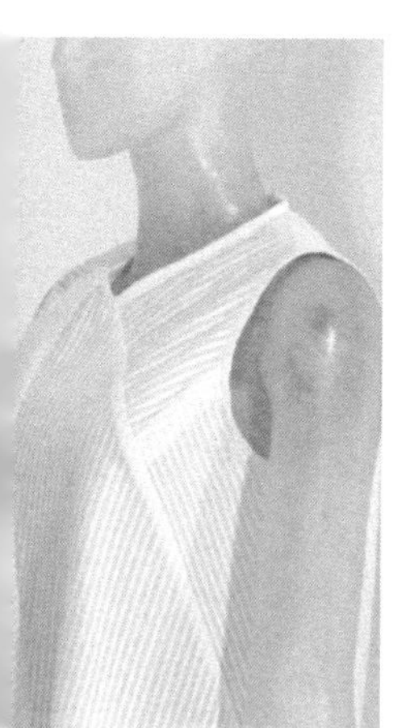
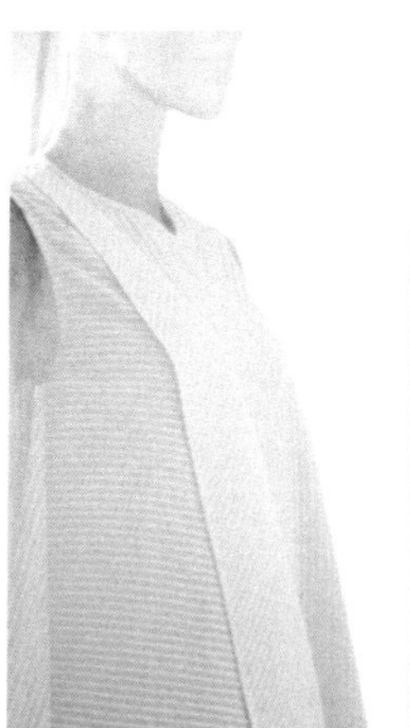
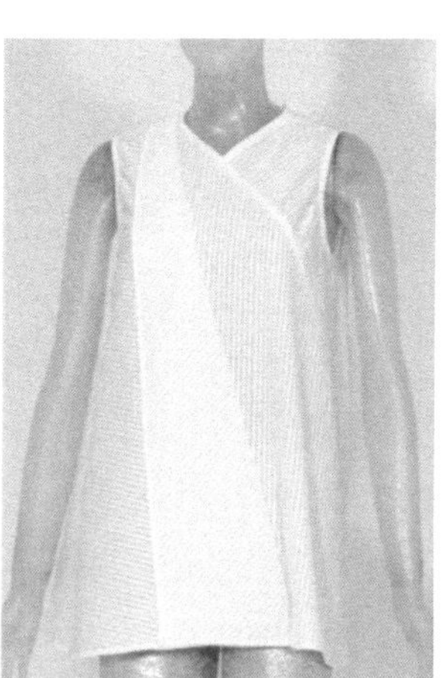
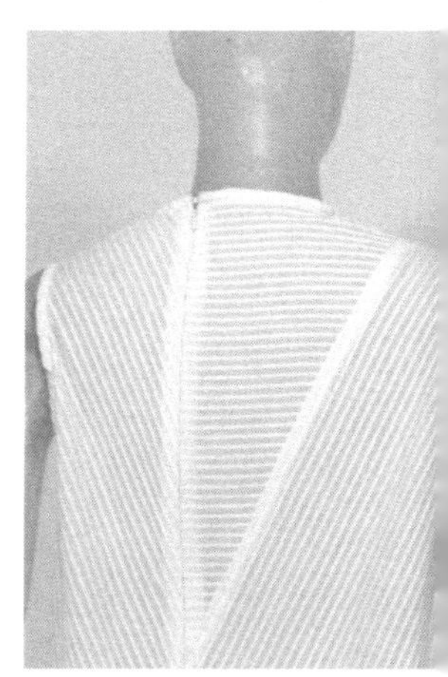

3.2.2「記憶之迷念」系列作品2之方法技巧

以條紋狀組織之棉質布料，採不規則三角形的形變為服裝構成元素，藉由左上右下的斜線剪接，透過裁片的拼接與組合，讓條狀布紋產生組合的變化，呈現三角形具有斜向、中繼、不和諧之感。

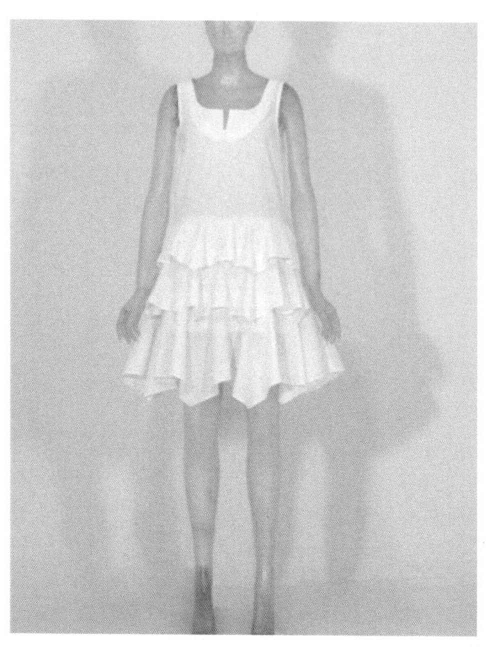

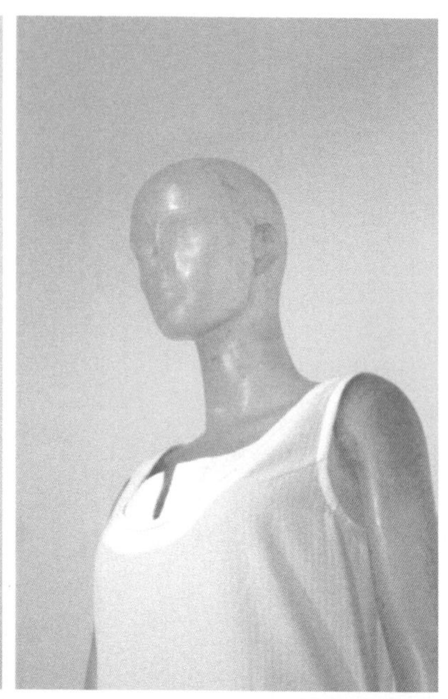

3.2.3「記憶之迷念」系列作品3之方法技巧

為棉質寬鬆型洋裝，在腰圍有橫向剪接線，將變化的方形裁片進行大小漸變的複製，並進行群體化的組合，透過有角度的下襬，使衣襬產生不規則及多層次的律動感。

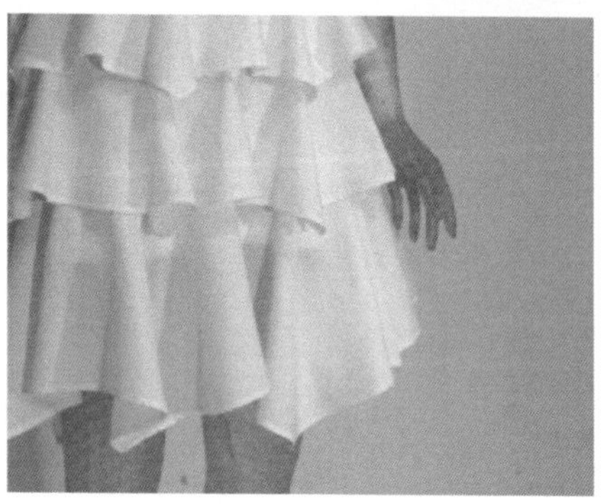

3.3 作品系列——3「交疊的時空」之內容形式

服裝在形式上採用服裝演化過程中分離上裝與下裝的手法，其間有圍裹的概念又穿插著具服裝結構性的裁剪技法，在操作上本單元以方形布料進行造型上的轉換創作。

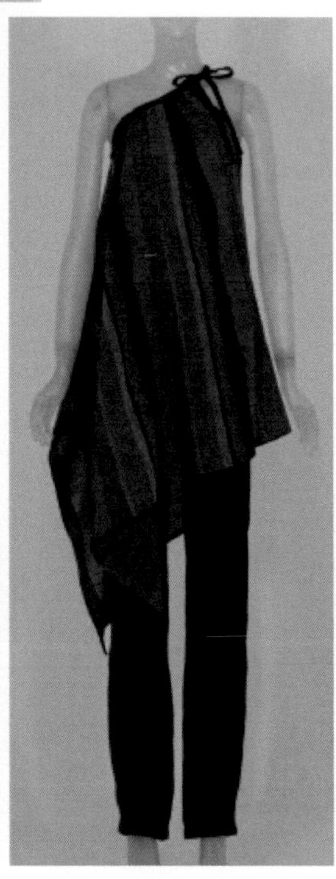

3.3.1「交疊的時空」系列作品1之方法技巧

為條紋麻質素材，以布料耗損率最少且縫製最精簡為訴求，上衣版型為變化方形為不對稱披肩式上衣，下裝為一條合身長褲。上衣前胸處與背寬處有活褶，以符合人體軀幹需求，並使條紋麻布因活褶產生條紋寬度的變化。斜條紋的呈現讓視覺具有方向感也較為輕鬆，下襬依布料的布紋走向與布料重量產生自然流暢的波浪，整件衣服外觀成為右上左下的方形輪廓。

3.3.2「交疊的時空」系列作品2之方法技巧

上裝為麻質合腰身的馬甲，下裝為有三層次的階層裙，為條紋麻質素材，階層裙以橫布紋且橫條紋方形布裁切後再以細褶處理，顯現麻質特有的挺度與質感。

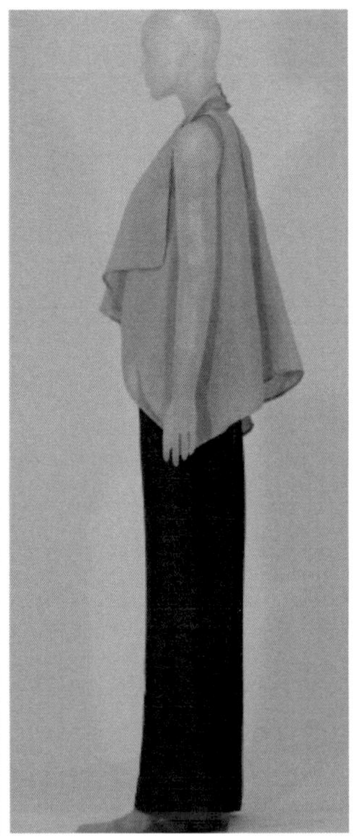
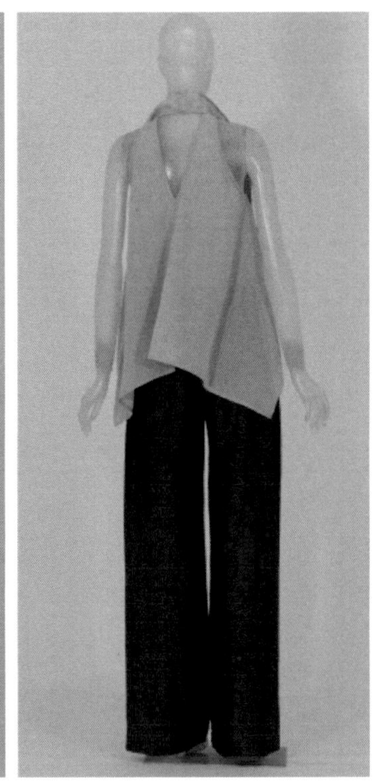

3.3.3「交疊的時空」系列作品3之方法技巧

布料耗損率最少且縫合線最少的麻質上裝與下裝，下裝為寬褲，上裝為兩塊方形布所構成的，前片藉由布料反摺（如圖4）產生複合穿著的錯覺，前後片在脇邊銜接，使脇邊衣襬產生V型角度與自然波浪，屬於極簡造型。

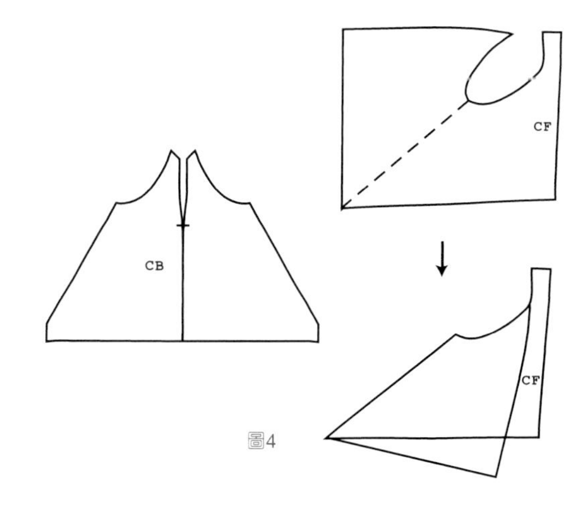

圖4

3.4 作品系列——4「玩」皮事件之內容形式

本創作單元素材以人造皮革為主，化學纖維為輔，以拼接設計為創作主軸，透過圓形、三角形、方形的單位元素進行形變、複製、重組。上衣為合身型，下裙為寬襬裙，應用二維的布塊進行拼接，以呈現三維空間的服裝構成。

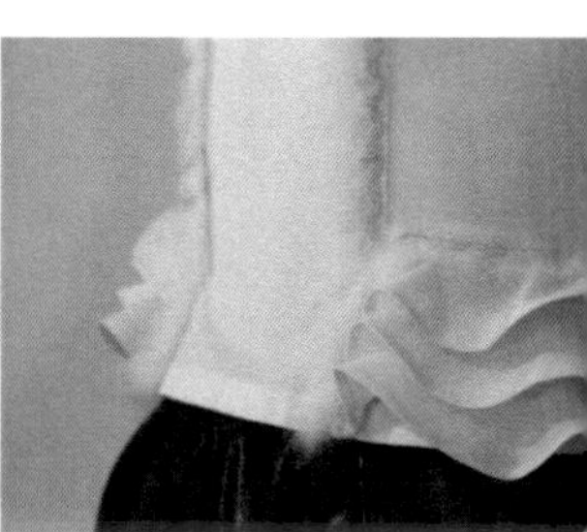

3.4.1「玩」皮事件系列作品1之方法技巧

異材質的組合，上衣以化學纖維為素材，以方形為創作元素拼接而成的。下身為仿皮革裙，圓形為設計元素進行切割與拼接（如圖5），使下襬成為不規則的圓，形成視覺的層次感。

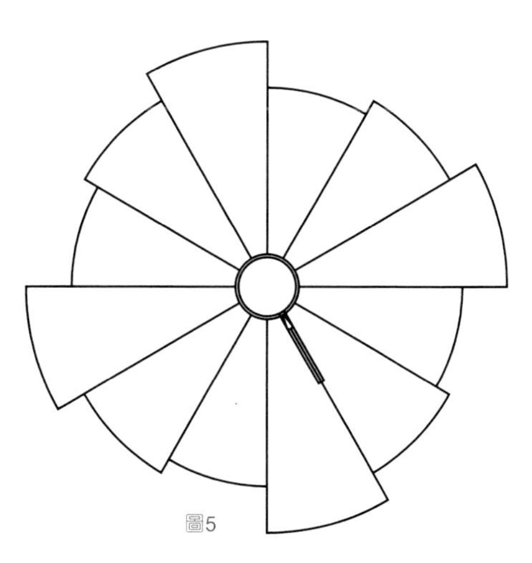

圖5

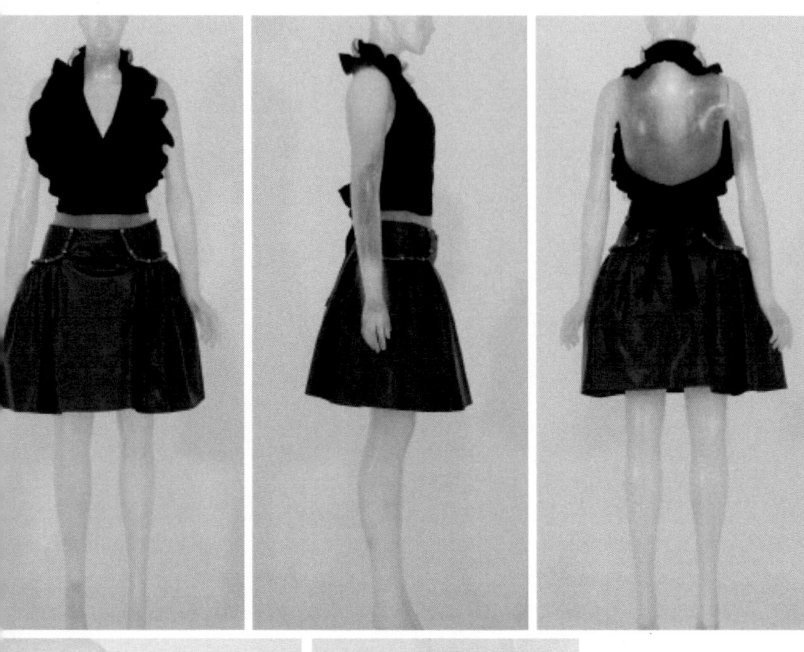

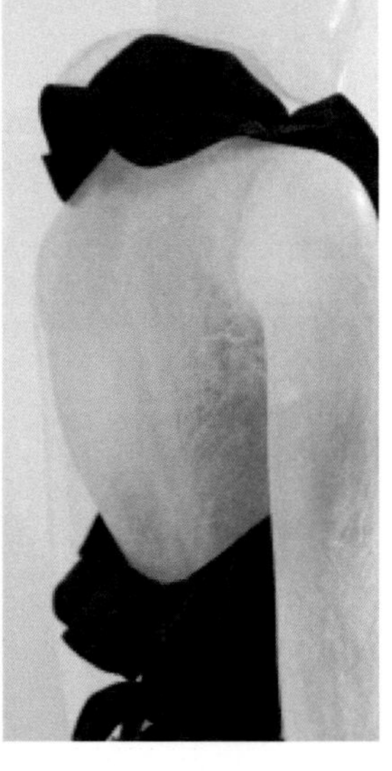

3.4.2「玩」皮事件系列作品2之方法技巧

異材質的組合，上衣以化學纖維為素材，取大雙圓抽細褶處理，接合在身片。下身為仿皮革裙，以寬下襬形成蓬裙，在造型輪廓上為上裝下裝皆為圓形的組合。

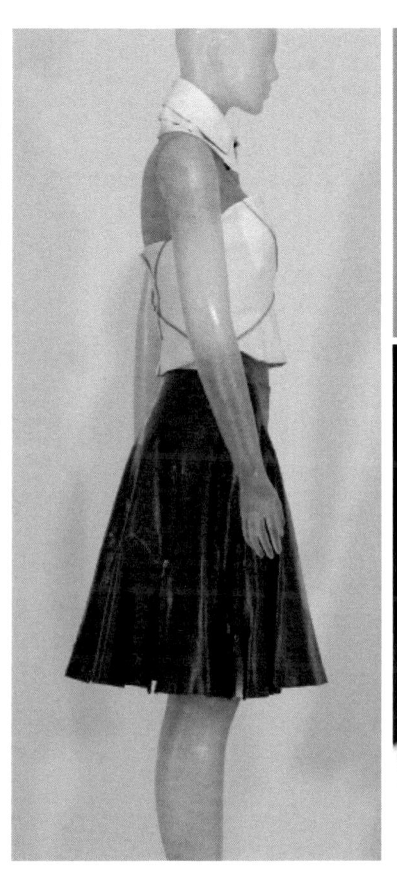

3.4.3「玩」皮事件系列作品3之方法技巧

仿皮革素材，以三角形為單元體進行拼接，上衣拼接線間皆以金屬拉鍊做裝飾，以強化塊狀組合的視覺效果。裙子結構為半圓裙變化裙，並在垂直下襬線處做或長或短的拉鍊設計。

3.4.4「玩」皮事件系列作品4之方法技巧

仿皮革素材，以方形為單元體進行拼接，上衣拼接線間皆以金屬拉鍊作裝飾，以強調塊狀組合的視覺效果。裙子部分以大的方形布不對稱的拼接小的方形布（如圖6），並在下襬外圍夾縫金屬拉鍊，增加下襬的輪廓效果。

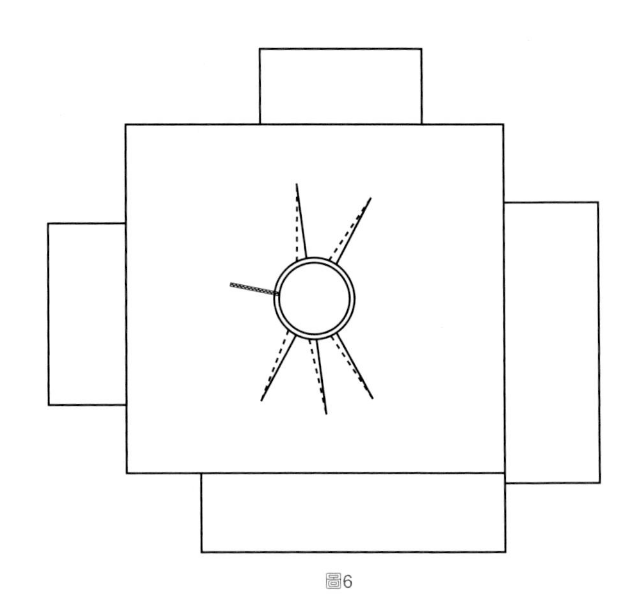

圖6

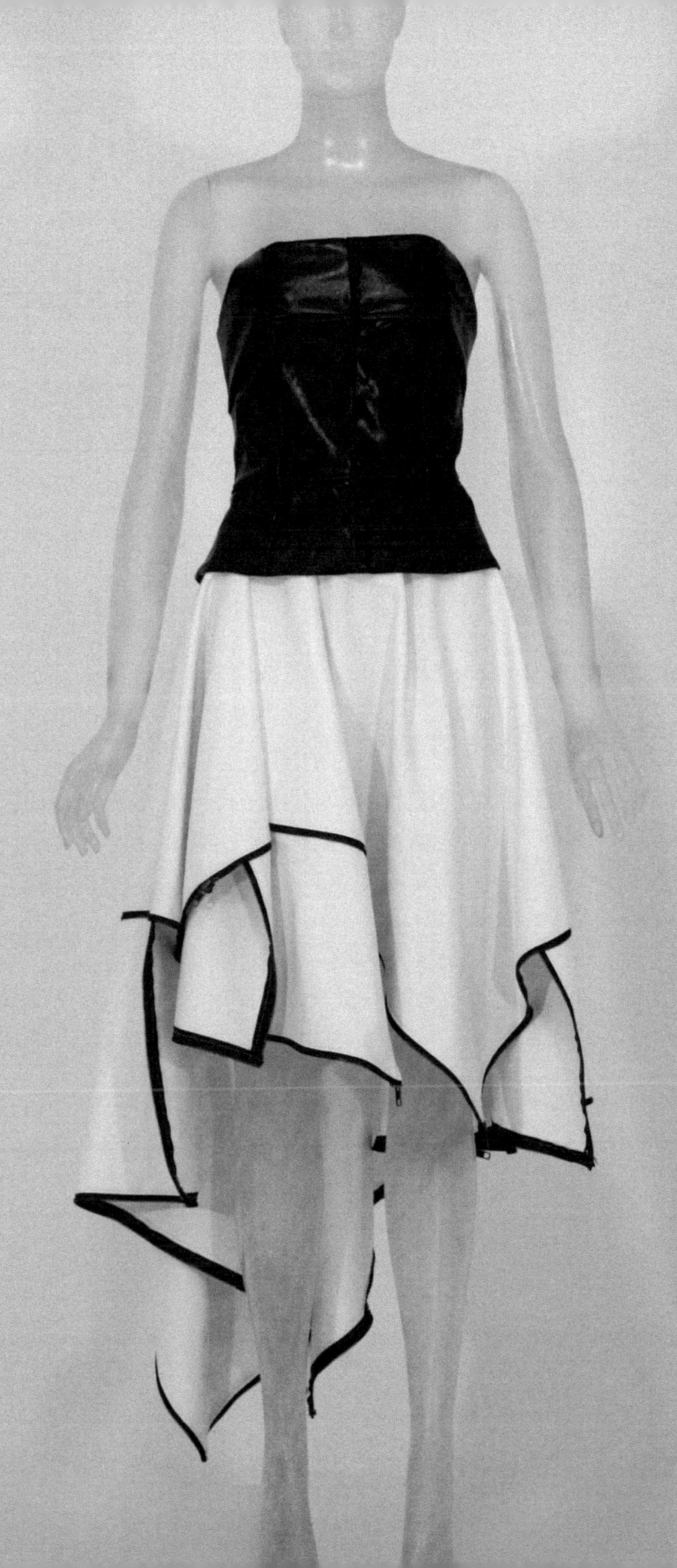

3.5 作品系列——5「方圓間的簡約」之內容形式

本創作的服裝進入服裝結構合身度較強的階段，也就是說運用版型的技法並融入幾何圖形（圓形、方形）作為創作手法，藉由幾何圖形的複製、重組與形變進行創作，整體風格屬於簡約、俐落的設計風格。

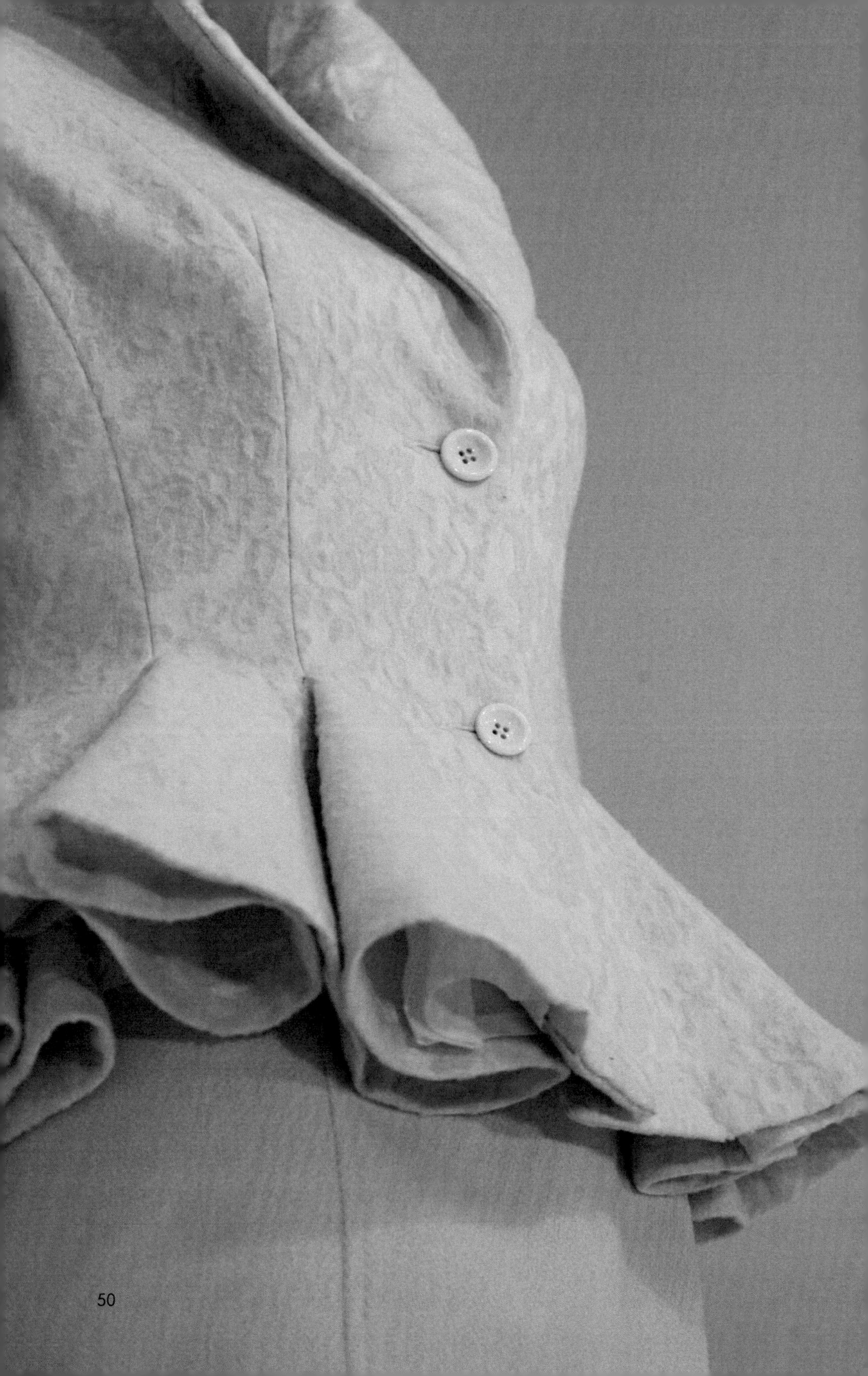

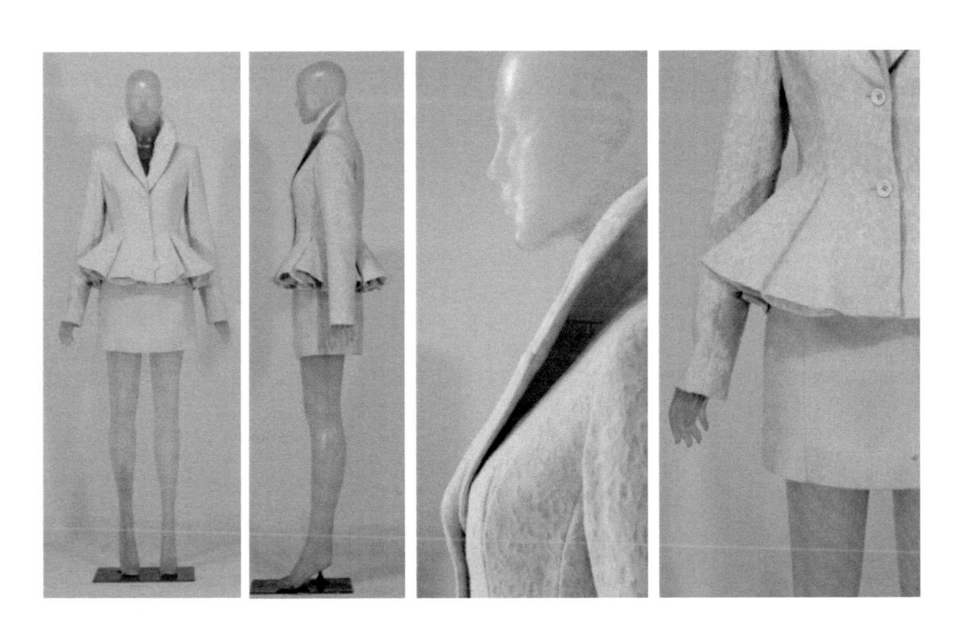

3.5.1「方圓間的簡約」系列作品1之方法技巧

毛料套裝，下裝為短窄裙，上裝為變形的半月領，左右領片形成圓弧線條，身片採合身性較強的六片構成。在每個裁片間縫合時，均在腰圍與下襬之間加入1/2圓形的插片，下襬由於有多重複製的半圓形插片，讓下襬蓬起。

3.5.2「方圓間的簡約」系列作品2之方法技巧

毛料套裝，上衣衣襬是由前片延伸到後片的一塊變形方形布所構成的，形成一件翹臀式的外套，且其下襬有自然波浪與方形角（如圖7）。裙子以一方形布料對摺裁切出腰圍線，再以活褶處理（如圖8），形成形式不對稱的裙子。

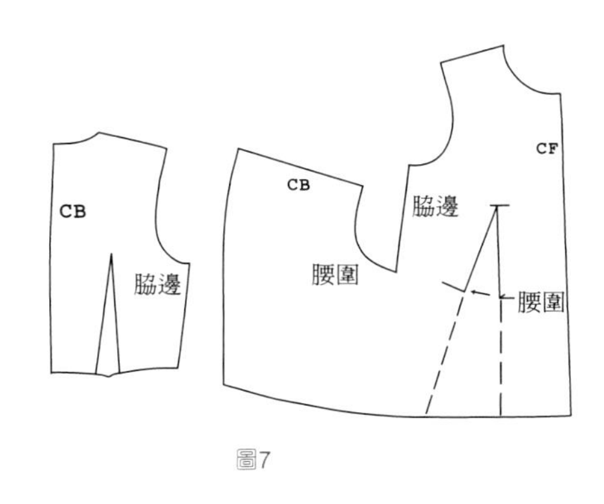

圖7

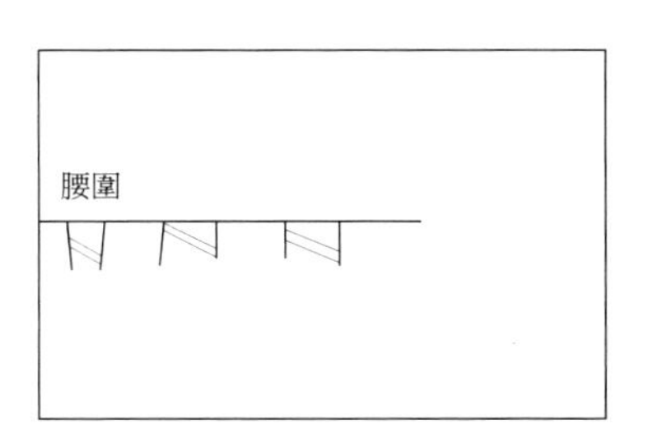

圖8

3.6 作品系列——6「黑與白的宣言」之內容形式

本創作的上衣服裝結構合身度較強，運用服裝的形式融合方形、三角形的概念，整體風格透露著靜止、沉穩、堅固、嚴謹的精神；裙子部分以自由形式自然呈現布料垂墜、皺褶、不對稱、不規則的風貌。

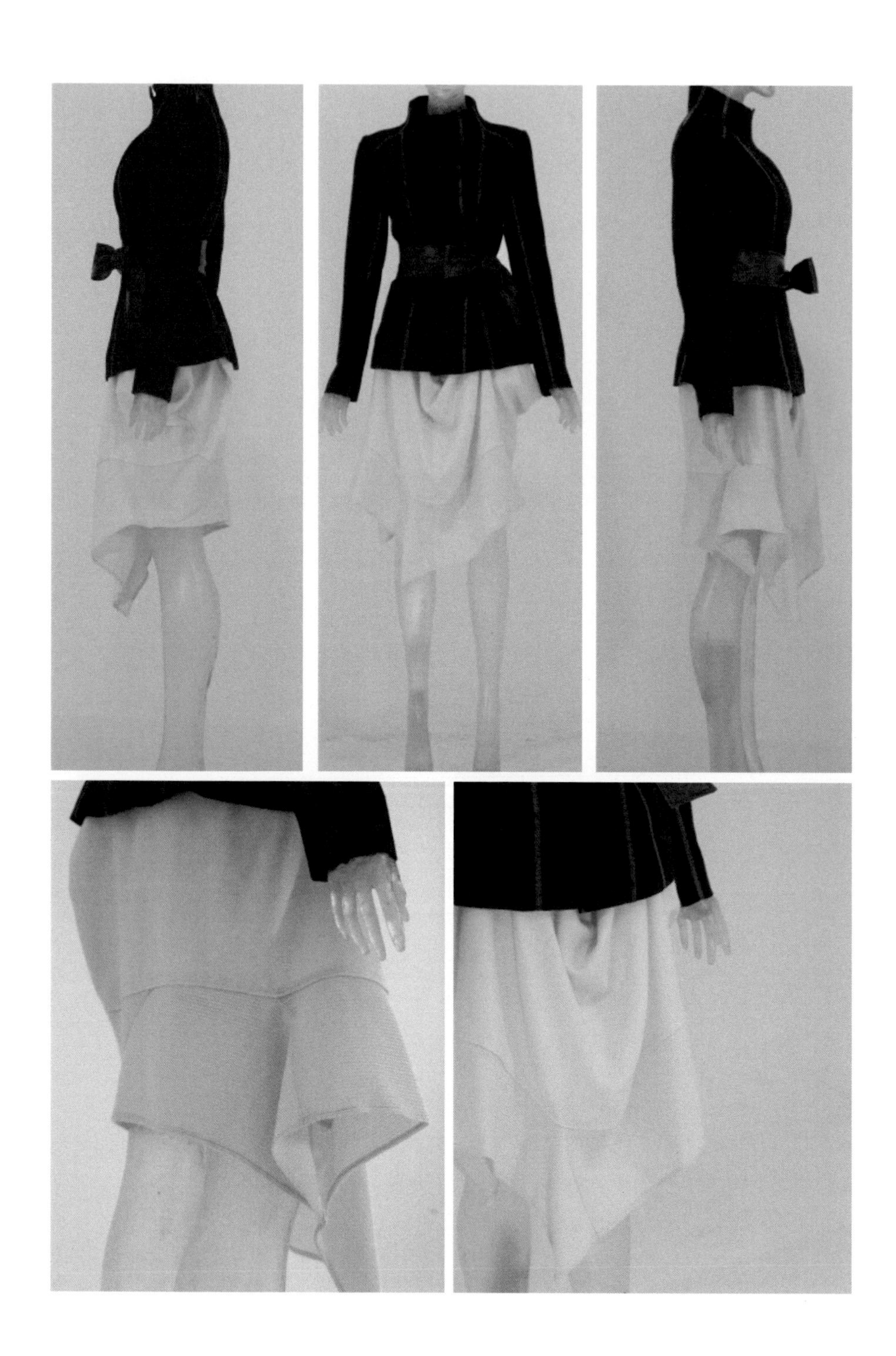

3.6.1「黑與白的宣言」系列作品1之方法技巧

以方形為創作概念，透過高領的形式表現方形的靜止、沉穩、端正與嚴謹之感；另外，於毛料外套的剪接線與輪廓線壓車皮革製帶飾，讓整體服裝具有力量的視覺效果。裙子部分，以方形布塊進行立體操作，讓裙子的造型隨布料特性進行形變，成形自然線條且為不對稱的裙子。

3.6.2「黑與白的宣言」系列作品2之方法技巧

以方形與三角形之綜合體為創作概念，以有角度的領摺線之西裝領，搭配方型衣身外加方形的身片剪接線，採取較修飾的手法表現方形與三角形的結合。裙子以方形布料斜對角錯位對摺後，圍裹於腰際間，並輔以數根活褶使能符合人體軀幹之線條，營造裙襬自由形體的流線感，以柔化整體服裝。

3.7 作品系列——7「形與型」之內容形式

本創作運用方形與圓形，藉由版型形塑造形，或是寬鬆、或是合身、或是直筒，以彰顯幾何圖形的特質。

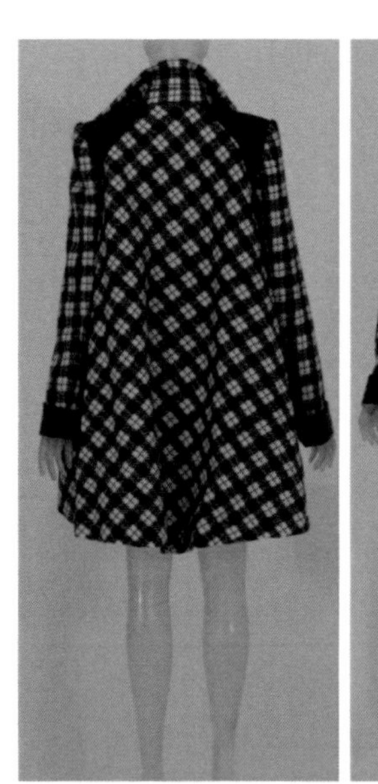
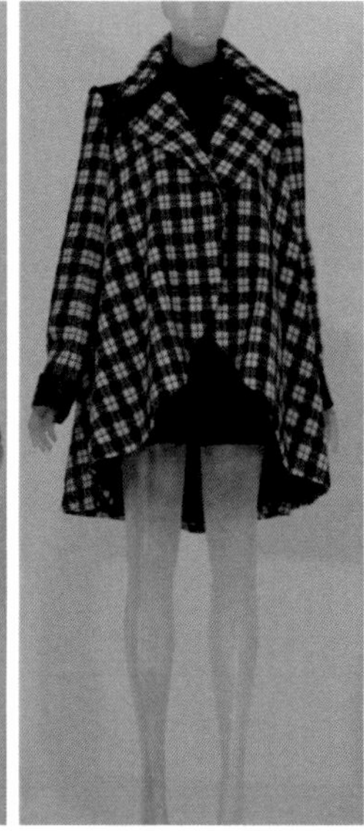

3.7.1「形與型」系列作品1之方法技巧

服裝構成解析為圓形，圓形具有溫和、輕快、滾動之感，透過圓弧的概念及正斜布紋的裁剪，使方格布產生柔化作用，並透過人體軀體以呈現布料的垂墜性。

3.7.2「形與型」系列作品2之方法技巧

是以方形為設計概念，為較合身形的H Line，在領口、領片隱喻方形之氣質，使服裝整體表現具有方正、端莊之感。

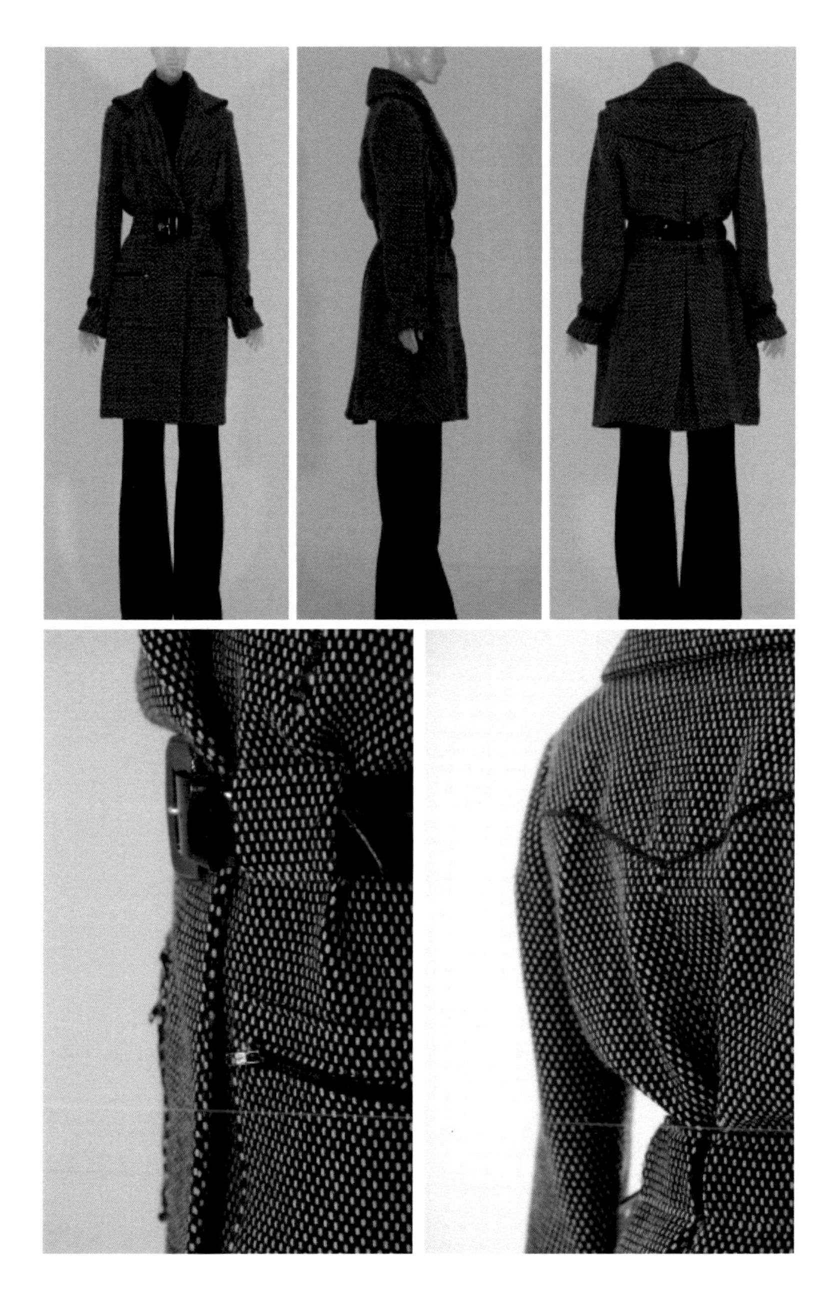

3.7.3「形與型」系列作品3之方法技巧

取方形的端正之感為創作概念，在創作上以方形的服裝結構作為主要元素，如具有方形感的領片、服裝輪廓、口袋、帶環……等，使服裝整體表現具有堅固、嚴謹之感。

3.8 作品系列——8「複製事件」之內容形式

一般的複製概念為複製出一個與本身一模一樣的複製品，例如常見於食、衣、住、行中所需的工業產品量化生產模式下的產物，具有規格化、標準化。而本創作所運用的複製概念乃是以單一元素進行多重複製，以小變化的創新堆疊出大差異，讓簡單的形式變成複雜的形式。

本創作以領子作為單元體的創作元素，進行不同形式的複製與創作，以相同或相似的複體（multiples）或線條重複組合作為創作構築的藍圖，透過DNA的複製功能轉化成漸變的複製、位置的複製、空間的複製，結合造形變化構成多樣化的服裝創作。

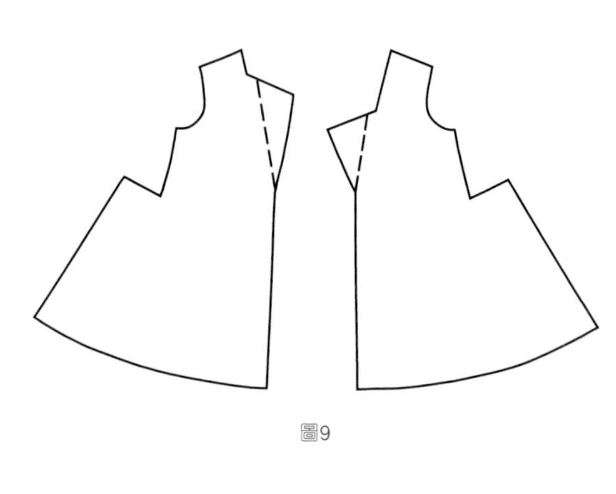

圖9

3.8.1「複製事件」系列作品1之方法技巧

利用薄毛料作為上衣創作素材，再搭配仿皮革的蓬裙，以簡潔的設計線條，敘述對Christian Dior's於1947年發表的〈花冠造型〉New Look（新形象）的內心感動，本創作試圖透過自我感知，重新詮釋給予新的生命風貌。創作重點則以纖細的腰線，如花瓣般的鐘型蓬裙作為設計輪廓線，並運用不對稱西裝領詮釋DNA複製功能時的複製概念設計。身片為兩面構成，前片、後片、脇邊處各有一根活褶；前片將胸褶轉移至腰褶，以增加腰褶分量，脇邊線追加出活褶量；後片有一根腰褶，脇邊線亦追加出活褶量，以營造鐘型造型（如圖9）。

西裝領的變化為左右不對稱的下片領，採左右不等高的上下片領接合線，左右不同寬度的領片缺口；另外將不對稱上片領作為單元體元素，進行大小漸變的複製並進行群體化的組合，使領子具有層次與律動感。

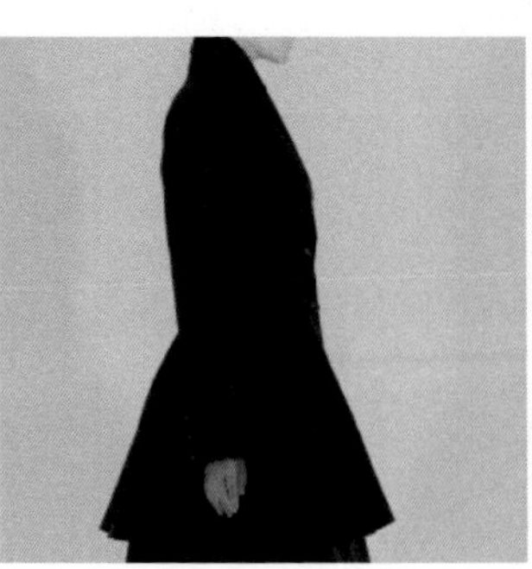

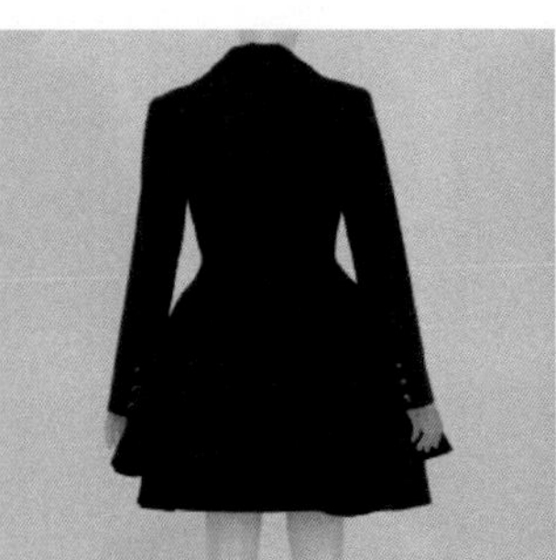

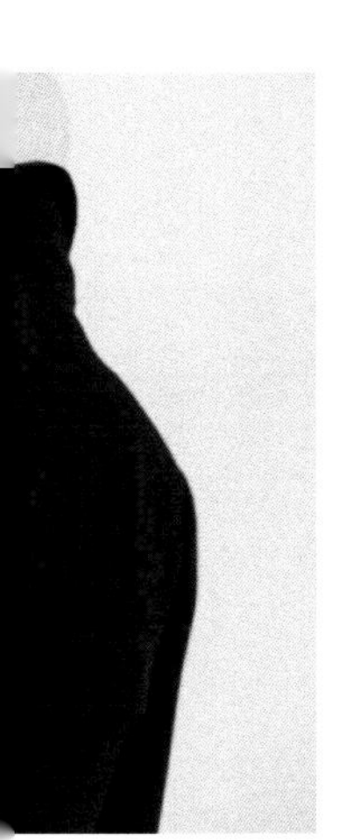

3.8.2「複製事件」系列作品2之方法技巧

布料選擇為含藍蔥線的薄毛料，服裝形式以男裝的元素注入女裝，形成中性線條呈現H Line，上衣採半合身的外套設計，下身則以寬型喇叭褲搭配。整體服裝表現冷靜、知性、理性、幹練的情緒，並藉由藍蔥線的光澤表現些許的華貴感。在服裝創作結構上，採左右不對稱的設計，以翻領作為單元體的複製元素，將身片視為畫布，透過以人體為中心的迴轉剪接，放射狀的切割，使領片依據位置的左右、前後、高低、大小配置（如圖10），產生群體化的組合，最後將視線焦點集中於左右領片對合點上。

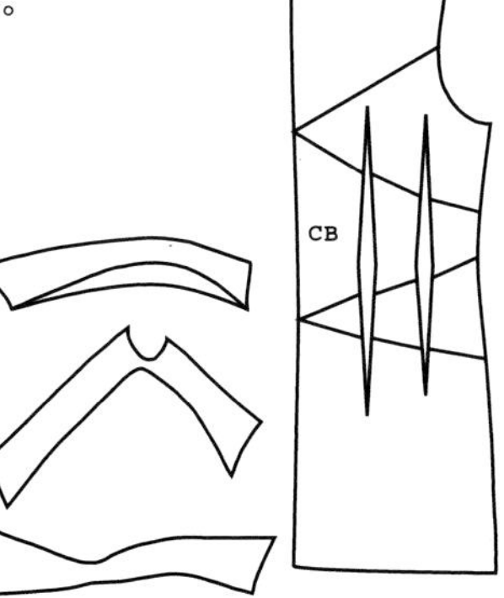
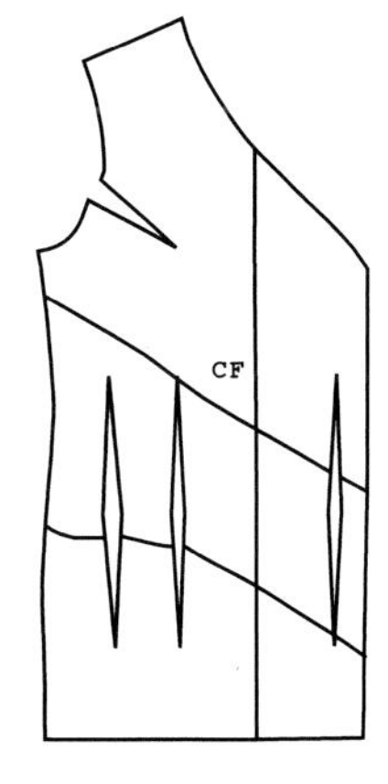

圖10

3.8.3「複製事件」系列作品3之方法技巧

以薄毛料設計外套，下裝為仿皮革的短褲，整體線條極為簡潔，具有寧靜與禪意為設計風格。本創作以高領作為單元體的複製元素，進行三次漸進式的複製，藉由高領與高領間的位置配置，產生空間的秩序感與量感的視覺效果（圖11）。

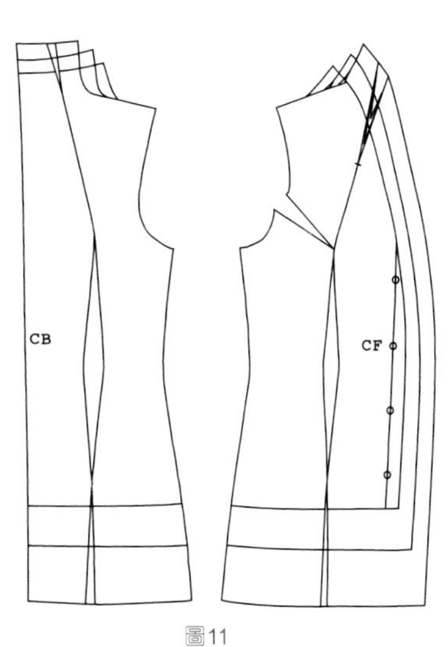

圖11

3.9 作品系列——9「位移與重組」之內容形式

運用遺傳因子DNA複製時，兩股DNA被分割後再與對方交換重新組合為概念作為創作基礎。進而運用基因重組結合解構作為創作發想，透過服裝形式上結構的應用變化產生質變，將解構的概念與目標單元體進行適宜的設計轉換，經由單元體位置的轉移也改變其本質上的功能。

3.9.1「位移與重組」系列作品1之方法技巧

本創作素材為毛料，為縱向位移與重組的設計概念。以A Line（或稱為傘形）無領無袖的洋裝作為創作基地，採前開拉鍊設計，將西裝領作為創作單元體（如圖12），移轉至前後身片公主剪接線上，藉由縱向位移的概念轉換領子的功能本質，將身片與領片重新組合，使領片蛻變成服裝設計中的重要外觀造形。

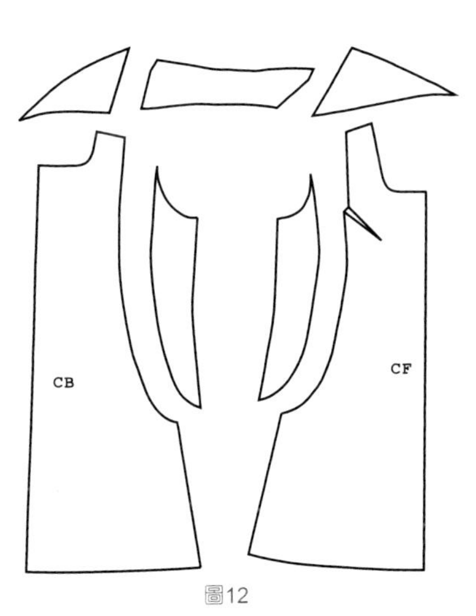

圖12

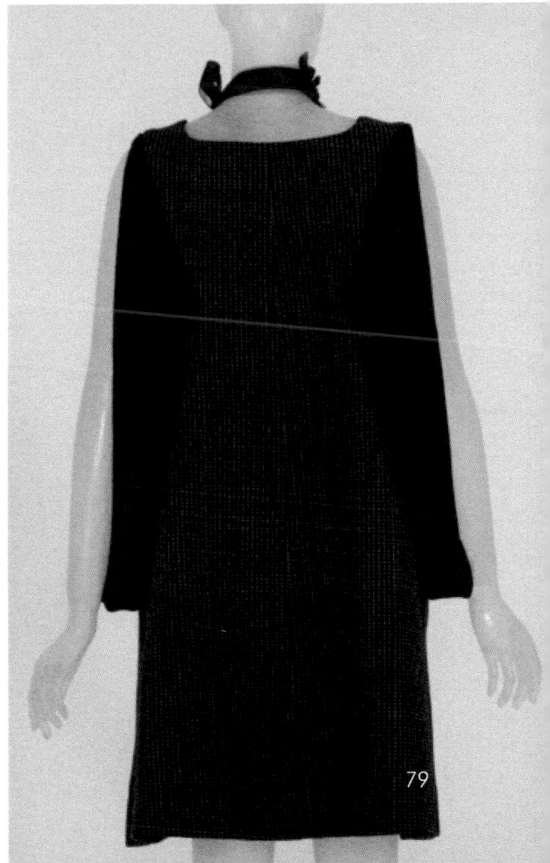

3.9.2「位移與重組」系列作品2之方法技巧

本創作素材為毛料，為橫向位移與重組的設計概念。採無領無袖前開拉鍊的洋裝創作，以有領台襯衫領作為創作單元體（如圖13），進行橫向位移，藉由位移的概念轉換領子的功能本質，將身片與領片重新組合，透過非實質的領片造型營造成外觀造形。

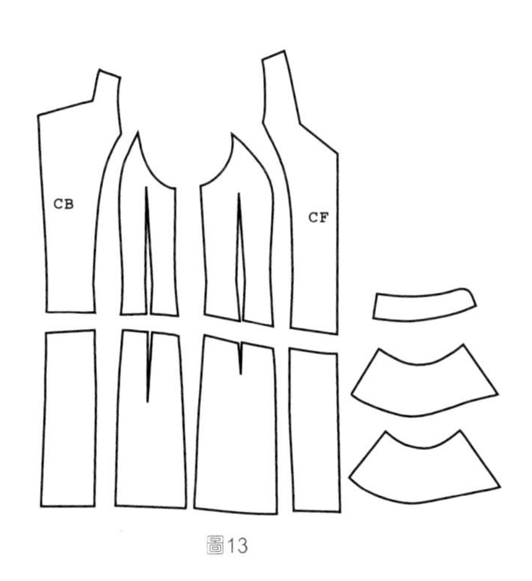

圖13

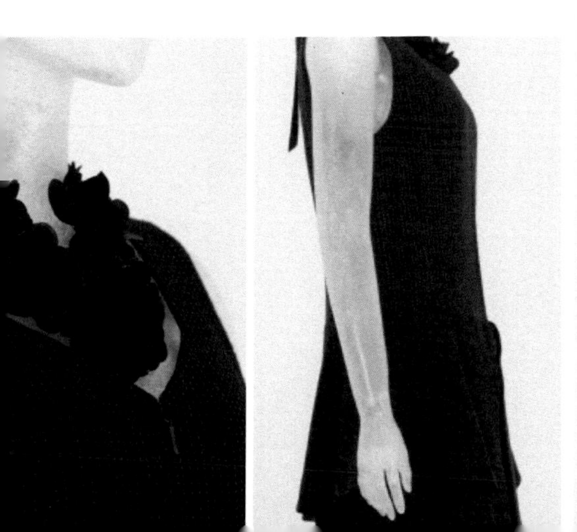

3.9.3「位移與重組」系列作品3之方法技巧

本創作素材有毛料及人造皮革，透過異材質的組合給予不同的視覺感受。身片以六片式縱向剪接線為構成結構，在裁片間的衣襬處鑲嵌兩種形變的立體領型，以似領非領的兩種創作元件（如圖14）彼此交會、錯落、重組，建構出律動感的效果。

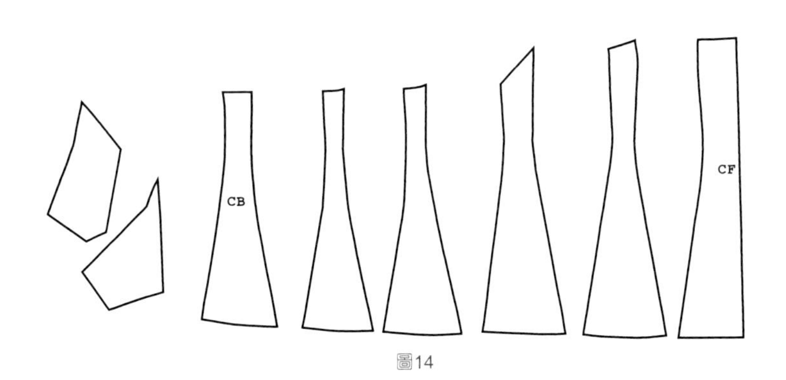

圖14

3.10 作品系列——10「形隨機能」之內容形式

應用DNA在進行複製時偶發情況下，產生改變之突變作為本創作的設計理念。在形式上透過簡單的方形布料將2D（dimension）經形塑轉化成3D（dimension）的立體造形，使創作作品經抽象化的形變更具豐富性與多樣性。

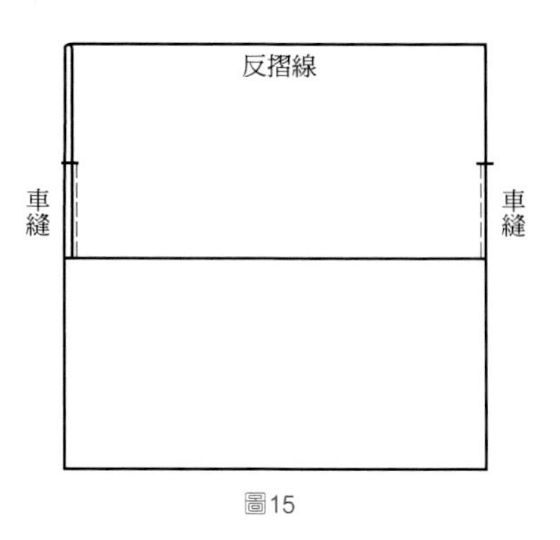

圖15

3.10.1「形隨機能」系列作品1之方法技巧

本創作素材為毛料，將方形布料，先對摺五分之二後車縫（如圖15），車縫處為前身片的橫向剪接線，並於腰圍處加一條腰帶，將腰部束之，再透過穿著立體化後形成自然線條的領型、袖型與身型。本創作下裝搭配三次漸層且左右不對稱等長的烏干紗裙子，使造形具有典雅、簡潔、飄逸之感。

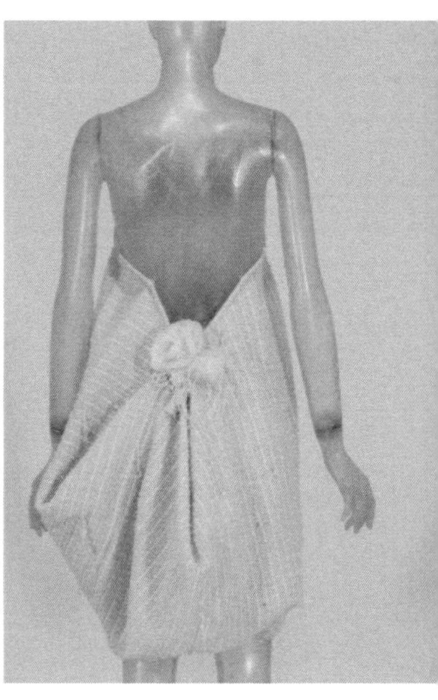

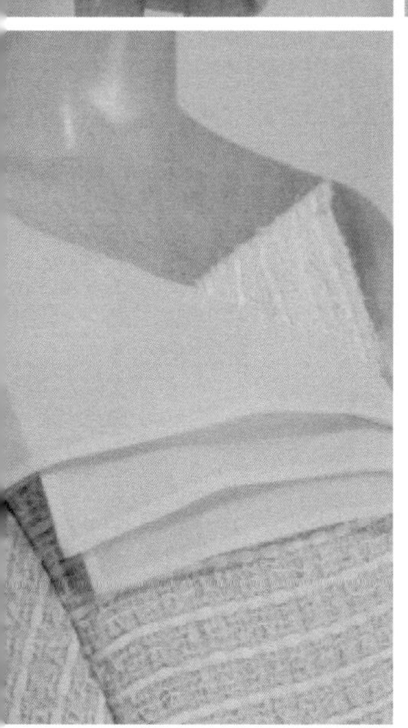

3.10.2「形隨機能」系列作品2之方法技巧

本創作素材為毛料，以一塊方形布料，斜剪一刀後（如圖16），將裁剪止點放置於後腰處，將兩處尖點交叉覆蓋於前胸，使前後身片產生自然波浪，再將衣襬翻回內側以增加裙襬的蓬度，讓外型成為三角形的輪廓線，在視覺上具有清晰、可愛、俏皮的感覺。

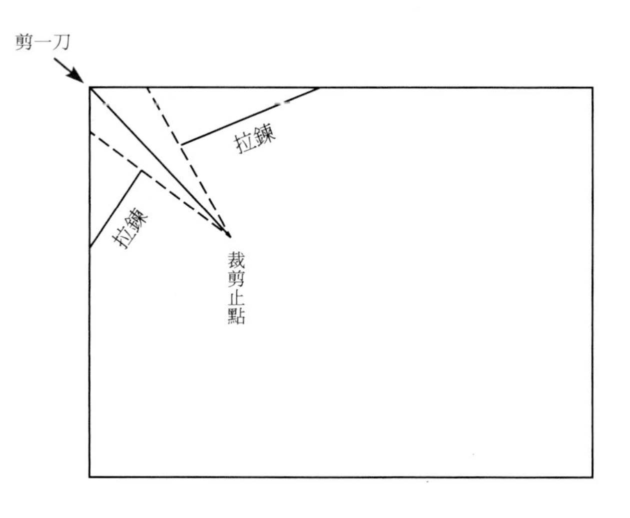

圖16，

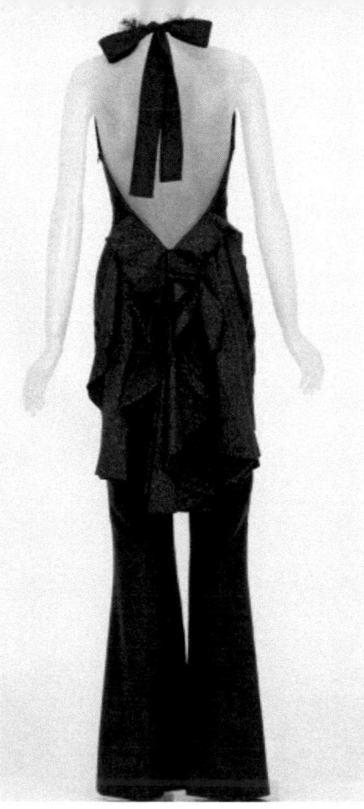

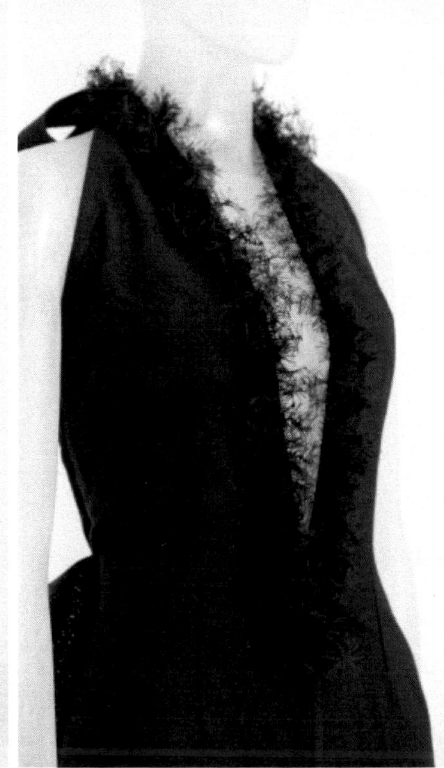

3.10.3「形隨機能」系列作品3之方法技巧

以含有銀蔥線毛料為素材，設計概念為具結構性的服裝與幾何圖形的結合，本創作採深V領口與深V露背的合腰身連身喇叭褲裝為設計，並於後腰處植加四個圓形所構築的造形，藉由四個圓形組合成自然形式的波浪，以強化腰部纖細與臀部線條。

3.10.4「形隨機能」系列作品4之方法技巧

本創作素材為含銀蔥線的毛料，以一塊方形布料，斜剪一刀後（如圖17），將裁剪止點放置於肩線，裁切出袖襱位置，再將兩處尖點交會縫合於脇邊，採單斜肩不對稱設計，素材透過人體的曲線產生自然形式的活褶，與自然的垂墜感，讓整個造形在形式上較為自然，不受服裝結構框架的約束。

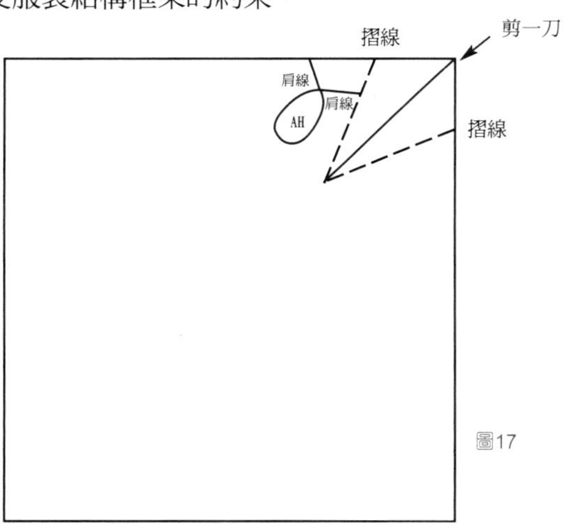

圖17

四、註解

註1.楊裕富著（2007），創意思境：視傳設計概論與方法，台北：田園城市文化，p.65。

註2.Johannes Itten著、蔡毓芬譯（2005），造形分析，台北：地景企業有限公司，p.11。

註3.同註2，p.118。

註4.康丁斯基著、吳瑪悧譯（2006八版），藝術的精神性，台北：藝術家出版社，p.55。

註5.東海晴美編著（1993），葳歐蕾服裝設計史，台北：美工圖書社，p.31。

註6.同註1，p.51。

註7.後藤武、佐佐木正人、深澤直人著，黃友玫譯（2005），不為設計而設計，就是最好的設計——生態學的設計，台北：漫遊者文化事業股份有限公司，p.230。

註8.王受之著（2002），世界時裝史，北京：中國青年出版社，p.151。

註9.Elliott Sober著、歐陽敏譯（2000），生物演化論的哲學思維，台北：韋伯文化事業出版社，p.2。

註10.趙大衛著（1998），生命的密碼，台北：台灣書店印行，p.30-32。

五、參考資料

1.國立臺灣師範大學生命科學系主編（2007），生命科學講義，台北：國立臺灣師範大學。

2.拉克西米·巴師卡藍著、羅雅萱譯（2008），當代設計演化論，台北：原點出版。

3.David P. Clark、Lonnie D. Russell著，朱雲瑋等編譯（2008），分子生物學，台北：藝軒圖書出版社。

4.葉立誠著（2000），中西服裝史，台北：商鼎文化出版社。

5.史都華（Lan Stewart）著、蔡信行譯（2000），生物世界的數學遊戲，台北：天下遠見。

6.格楚·萊娜特著、陳品秀譯（2007），時尚小史，台北：三言社。

7.Elle著（1999），A CENTURY OF FASHION，London：Thames&Hudson。

8.Mark Holborn著（1995），ISSEY MIYAKE，New York：Taschen。

實踐大學數位出版合作系列
美學藝術類　PH0045

我的一場服裝演化遊戲

作　　者／曾慈惠
統籌策劃／葉立誠
文字編輯／王雯珊
視覺設計／賴怡勳
執行編輯／蔡曉雯
圖文排版／蔡瑋中

發 行 人／宋政坤
法律顧問／毛國樑　律師
印製出版／秀威資訊科技股份有限公司
114台北市內湖區瑞光路76巷65號1樓
電話：+886-2-2796-3638　傳真：+886-2-2796-1377
http://www.showwe.com.tw
劃撥帳號／19563868　戶名：秀威資訊科技股份有限公司
讀者服務信箱：service@showwe.com.tw
展售門市／國家書店（松江門市）
104台北市中山區松江路209號1樓
電話：+886-2-2518-0207　傳真：+886-2-2518-0778
網路訂購／秀威網路書店：http://www.bodbooks.com.tw
國家網路書店：http://www.govbooks.com.tw
圖書經銷／紅螞蟻圖書有限公司
114台北市內湖區舊宗路二段121巷28、32號4樓
電話：+886-2-2795-3656　傳真：+886-2-2795-4100

2011年07月BOD一版
定價：470元
版權所有　翻印必究
本書如有缺頁、破損或裝訂錯誤，請寄回更換

Copyright©2011 by Showwe Information Co., Ltd.
Printed in Taiwan
All Rights Reserved

國家圖書館出版品預行編目

我的一場服裝演化遊戲 / 曾慈惠著. -- 一版. --
臺北市 : 秀威資訊科技, 2011. 07
面； 公分. --（美學藝術 ; PH0045）
BOD版
ISBN 978-986-221-788-7（平裝）

1. 衣飾 2. 服裝設計 3. 台灣

538.1833 100014130

讀者回函卡

感謝您購買本書，為提升服務品質，請填妥以下資料，將讀者回函卡直接寄回或傳真本公司，收到您的寶貴意見後，我們會收藏記錄及檢討，謝謝！
如您需要了解本公司最新出版書目、購書優惠或企劃活動，歡迎您上網查詢或下載相關資料：http:// www.showwe.com.tw

您購買的書名：________________________________

出生日期：________年________月________日

學歷：□高中（含）以下　□大專　□研究所（含）以上

職業：□製造業　□金融業　□資訊業　□軍警　□傳播業　□自由業
　　　□服務業　□公務員　□教職　□學生　□家管　□其它_____

購書地點：□網路書店　□實體書店　□書展　□郵購　□贈閱　□其他

您從何得知本書的消息？

□網路書店　□實體書店　□網路搜尋　□電子報　□書訊　□雜誌
□傳播媒體　□親友推薦　□網站推薦　□部落格　□其他__________

您對本書的評價：（請填代號　1.非常滿意　2.滿意　3.尚可　4.再改進）

封面設計____　版面編排____　內容____　文／譯筆____　價格____

讀完書後您覺得：

□很有收穫　□有收穫　□收穫不多　□沒收穫

對我們的建議：________________________________

____

____

____

請貼
郵票

11466
台北市內湖區瑞光路 76 巷 65 號 1 樓

秀威資訊科技股份有限公司　收

BOD 數位出版事業部

....

（請沿線對折寄回，謝謝！）

姓　名：____________　年齡：________　性別：□女　□男

郵遞區號：□□□□□

地　址：________________________________

聯絡電話：(日) ______________ (夜) ______________

E-mail：________________________________